シリーズ 戦争学入門

近代戦争論

リチャ[illegible]著
矢吹 啓[illegible]

創元社

Richard English, *Modern War*

Modern War was originally published in English in 2013. This translation is published by arrangement with Oxford University Press. Sogensha, Inc. is solely responsible for this translation from the original work and Oxford University Press shall have no liability for any errors, omissions or inaccuracies or ambiguities in such translation or for any losses caused by reliance thereon.

シリーズ「戦争学入門」序言

好むと好まざるとにかかわらず、戦争は常に人類の歴史と共にあった。だが、日本では戦争について正面から研究されることは少なかったように思われる。とりわけ第二次世界大戦（太平洋戦争）での敗戦を契機として、戦争をめぐるあらゆる問題がいわばタブー視されてきた。

そうしたなか、監修者を含めてシリーズ「戦争学入門」に参画した研究者は、日本に真の意味での戦争学を構築したいと望んでいる。もちろん戦争学とは、単に戦闘の歴史、戦術、作戦、戦略、兵器などについての研究に留まるものではない。戦争が人類の営む大きな社会的な事象の一つであるからには、おのずと戦争学とは社会全般の考察、さらには人間そのものへの考察にならざるを得ない。

本シリーズは、そもそも戦争とは何か、いつから始まったのか、なぜ起きるのか、そして平和とは一体何を意味するのか、といった根源的な問題を多角的に考察することを目的としている。確認するが、戦争は人類が営む大きな社会的な事象である。そうであれば、社会の変化と戦争の様相には密接な関係性が認められるはずである。

「軍事学」でも「防衛学」でも「安全保障学」でもなく、あえて「戦争学」といった言葉を用いるのも、戦争と社会全般の関係性をめぐる学問領域の構築を目指しているからである。

具体的には、戦争と社会、戦争と人々の生活、戦争と法、戦争をめぐる思想あるいは哲学、戦争と倫理、戦争と宗教、戦争と技術、戦争と経済、戦争と文化、戦争と芸術といった領域を、理論──「横軸」──と歴史あるいは実践──「縦軸」──を文字通り縦横に駆使した、学術的かつ学際的なものが戦争学である。当然、そこには生物学や人類学、そして心理学に代表される人間そのものに向き合う学問領域も含まれる。

戦争と社会が密接に関係しているのであれば、あらゆる社会にはその社会に固有の戦争の様相、さらには、あらゆる時代にはその時代に固有の戦争の様相が現れる。そのため、二一世紀には二一世紀の社会に固有の戦争の様相、さらには戦争と平和の関係性が存在するはずである。問題は、戦争がいかなる様相を呈するかを見極めること、そして、可能であればこれを極力抑制する方策を考えることである。その意味で本シリーズには、「記述的」であると同時に「処方的」な内容のものも含まれるであろう。

また、本シリーズの目的には、戦争学を確立する過程で、平和学と知的交流を強力に推進することがある。

戦争学は、紛争の予防やその平和的解決、軍縮および軍備管理、国連に代表される国際組織によるさまざまな平和協力・人道支援活動、そして平和思想および反戦思想などもその対象とする。実は戦争学の射程は、平和学と多くの関心事項を共有しているのである。

よく考えてみれば、平和を「常態」とし、戦争を「逸脱」と捉える見方は誤りなのであろう。なるほど戦争は負の側面を多く含む事象であるものの、決して平和の影のような存在ではない。その意味において、戦争を軽視することは平和の軽視に繋がるのである。だからこそ、古代ローマの金言に「平和を欲すれば、戦争に備えよ」といったものが出てきたのであろう。

戦争をめぐる問題を多角的に探究するためには、平和学との積極的な交流が不可欠となる。戦争を研究しようと平和を研究しようと、双方とも学際的な分析手法が求められる。また、どちらも優れて政策志向的な学問領域である。戦争学と平和学の相互交流によって生まれる相乗効果が、世界が複雑化し混迷化しつつある今日ほど求められる時代はないであろう。

繰り返すが、「平和を欲すれば、戦争に備えよ」と言われる。だが、本シリーズは「平和を欲すれば、戦争を研究せよ」との確信から生まれてきたものである。なぜなら、戦争は恐ろしいものであるが、簡単には根絶できそうになく、当面はこれを「囲い込み」、「飼い慣らす」以外に方策が見当たらないからである。

シリーズ「戦争学入門」によって、長年にわたって人類を悩ませ続けてきた戦争について、その理解の一助になればと考えている。もちろん、日本において「総合芸術（Gesamtkunstwerk）」としての戦争学が、確固とした市民権を得ることを密かに期待しながら。

シリーズ監修者　石津朋之
（防衛省防衛研究所 戦史研究センター長）

謝辞

学術的な研究と著述は、基本的に世捨て人のような生活を送る者にとってさえ、孤独な営みではない。本書の執筆を可能にし、また楽しいものにしてくれた人々からのご恩を記すことができるのは喜ばしいことである。セント・アンドルーズ大学と（それ以前に勤務した）クイーンズ大学ベルファストの同僚と学生たちは、知的刺激とかけがえのない友情を提供してくれた。最近、政治的暴力（ポリティカル・バイオレンス）に関して講義するよう招聘（しょうへい）してくれた研究者、またその際に私の議論に耳を傾けてくれた聴衆の方々は、近代戦争というテーマに関する私の思考を非常に豊かなものにしてくれた。ロンドン・スクール・オブ・エコノミクス、ジョージタウン大学、カリフォルニア大学サンディエゴ校、オックスフォード大学、ギリシャのオリンピア・サマー・セミナー、コペンハーゲン大学、オックスフォード文学フェスティバル、バーミンガム大学、グラスゴー大学に招聘してくださった方々、またコメントをいただいた方々には、とくに謝意を表したい。個人名を挙げるのは不公平かもしれないが、ロイ・フォスター、デイヴィッド・イーストウッド、ルイーズ・リチャードソン、チャールズ・タウンゼンド、アダム・ロバーツ、ハーヴェイ・ホワイトハウス、イーライ・バーマン、ジョン・アンダーソン、ジリアン・ダンカン、ヒルダ・マクニー、カリン・フィアケ、ブルース・ホフマン、ブルース・ハンター、アンドルー・ゴードンにはとくに感謝している。オックスフォード大学出版局（OUP）のルシアナ・オフラハティーとエマ・マ、マシュー・コットンは、厳格さと洞察、プロフェッショナリズム、優しさを非常に見事に兼ね備えていた。またOUPが入手したさまざまな読者レポートは的確で、有益であった。しかし、私がいちばん感謝しているのは、いつもながらマクシーンとジャスミン、アラベラである。彼女たちに――いつものように――私の著作を捧げる。

目次

装丁　濱崎実幸

イントロダクション

私は、三つの主要な目的を念頭に置いて、本書を執筆した。

第一に、近代戦争という重要で厄介な主題について、理解しやすく信頼できる入門的説明を提供することが意図されている。この目的のために、相互に関連する一連の難問に答えていくつもりである。まずは、定義。近代戦争とは何なのか。次に、原因。何が近代戦争を引き起こすのか、なぜ人々は戦争に身を投じるのか、戦争はどのような理由で終結するのであろうか。また、経験の問題もある。近代戦争の経験とはどのようなものなのか。最後に、遺産。近代戦争は何を達成したのであろうか。

第二に、本書では、近代戦争に関してわれわれがしばしば想定し、考え、主張することと、歴史的現実とのあいだにある気が滅入るような乖離(かいり)を踏まえ、これらの疑問への答えについて独自の議論の概略を示す。戦争において近代的とたびたび考えられているものは、詳細に検討しようとすると雲散霧消する。開戦および終戦の原因と言われているものは、これらの展開の背後にある実際の理由とは合致しないことがままある。また、人々が戦う理由は、彼ら自身による、ないし彼らに関する表向きの主張とも往々にして異なるし、またいずれにせよ戦争が起こる実際の理由とも異なっている。近代戦争の経験と成果について、われわれが期待し、称賛し、追悼し、記憶することの大半は、歴史的現実と部分的に重なり合っているにすぎない。また戦争の実際の成果は、当初の戦争勃発の背景にある、表向きの目的と正当化の根拠とも、実際の目的と正当化の根拠とも、大きく乖離している。他方、われわれは近代戦争を未然に防ぐ手段や仕組みを提示しようとしてきたが、そうした試みのほとんどは、しばしば惨憺（さんたん）たる結果に終わる運命にあるように思われてきた（また、いまでもそう運命づけられているように思われる）。

したがって、年代記（クロニクル）というよりも教理問答集（カテキズム）に近い本書には、累積的論証（cumulative argument）、また歴史と政治に関する大きな問題に触れる議論が含まれている。しかし、第三に、本書は非常に簡潔にではあるが、今後、この分野での重要な研究を進めるうえで有益なアプローチになりうるものを提起する。『近代戦争論』は、議論の総括を試みるというよりは、思慮に富む議論を喚起しようとするものである。とりわけ、「今後の研究は、分析にあたって戦争とテロリズムを区別する現在の本能的な傾向と決別すべきである」という本書の議論は、政治的動機に基づくさまざまな種類の暴力に関する幅広い評価を揺さぶることを意図している。

総じて本書では、読者が本書の三つの側面――入門的、論争的、議題設定的（アジェンダ・セッティング）――すべてから同時に何かを得ることを期待している。またこの小著によって、近代戦争に関する思索と調査、議論、論争、研究、著述がよりいっそう活発になることを願っている。

これまでの拙著（『武力闘争』、『アイルランドの自由』、『テロリズム』）では、形は違えども、過去および同時代（コンテンポラリ）の紛争を扱ってきた。これらの著作と同様、本書も政治史の著作である。したがって、近代戦争を理解するには、当然のことながら併せて戦争以外の多くの事柄（ナショナリズム、国家、宗教、経済、帝国の問題など）の理解が不可欠であると見なしている。戦争は依然として、現代の人類が直面する最も危険な脅威であるだけでなく、現代の政治と経済、社会を規定し、形成する、大きな影響力を有するもののひとつでもある。

マイケル・ハワードが指摘しているように、戦争の歴史は「軍隊の作戦史にとどまらないもの」であり、それは実に「社会全体の研究」を意味する。「その社会の文化を研究することによってしか、その社会が何のために戦ったのか、またなぜ彼らがそのようなかたちで戦ったのかを理解することはできない[1]」。そして、ヴィヴィアン・ジャブリ[2]などの研究者が示唆しているように、戦争を社会的関係や権力と共同体の問題から切り離してしまったら、われわれは戦争を完全に理解することができない。戦争と政治は、とくに深く結びついている。政治は、戦争の原因および戦争の結果や成果の両方にとって重要だからである。これらの意味すべてにおいて近代戦争は社会的なものであり、社会的行為をともない、また社会的行為に影響を及ぼす。

さらに、戦争と戦争に関わる諸現象は、歴史のレンズを通して検討しなければ適切に理解することができない、と私は主張したい。この主題に関する史上最高の著述家、カール・フォン・クラウゼヴィッツ（図1参照）の言葉を借りれば、「歴史的事例はすべてを明らかにし、経験科学においては最良の証明手段となる。これは戦争術にとくによく当てはまる[3]」。これまでに発展してきた多様

図1　カール・フォン・クラウゼヴィッツ（1780～1831）

な学問分野からの貢献と文献の存在を考えると、いまや戦争という主題のすべてを全体として見通すことのできる単一の学問分野などない――ましてや一研究者がすべてを把握できるはずもない――ということは心得ている。しかし、『近代戦争論』は幅広い学問分野（政治学、国際関係論、社会学、哲学、人類学、経済学、神学、心理学、文学、法学）の文献を参照してはいるが、一人の政治史家による著作に他ならない。したがって本書は次の四点を意識して書かれている。ひとつめは、ある事象の特異性・偶発性・局地性と、事象間にみられる類似性という広範な問題とのバランスをとるという観点である。二つめは、一次史料と説明モデルの両方をじっくりと、また懐疑心をもって検討するという方針である。三つめは、時系列の重要性、時代錯誤（アナクロニズム）の危険性、雑な時代区分に注意する必要性への確かな配慮である。四つめは、一般論的、必然主義的、一面的なものよりも、特定の文脈に固有の複雑なものの重視である。

第1章　定　義

少年たちの大虐殺！　それがまさに近代戦争の本質なのである。若者たちの殺戮(さつりく)である。
（H・G・ウェルズ『ブリトリング氏の洞察』一九一六年[1]）

1　近代戦争とは何か

戦争とは何か

戦争の性質とダイナミクスを理解することは、おそらく学術的課題としても、政治的課題としても、最も重要なもののひとつである。したがって、そのような主題に関する本は、正確な定義から始めなければならない。「戦争」とは、ようするに何なのであろうか。

『簡約版オックスフォード英語辞典（簡約版OED）[2]』は、さまざまな語釈を提示している。「諸国民や諸国家、諸統治者の間ないし同じ国民や国家の諸派の間で、軍隊を用いて行われる敵対的な争い／外国ないし国内の敵対派閥に対する軍隊の利用」「ひとつないし一連の戦役で行われる軍隊間の戦い」「実戦／戦闘、交戦」「軍隊の闘争が行われるような軍事行動／活動の一領域、職業、術（アート）としての戦い」などである。この定義は重要な要素（相互の敵意、武装集団の役割、実戦の遂行）を特定していて有益である。それは「闘争状態／諸国家間ないし国内の諸派閥間（内戦）で武器を用いて行われる戦い／長期にわたる闘争」という『チェンバーズ二〇世紀辞典』[3]での戦争の定義も同様である。この主題を論じるすぐれた研究者たちは、より婉曲的でありながら非常に鋭い定義を提示している。マイケル・ハワードの説得力ある説明では、戦争とは「大きな社会＝政治的活動であり、政治目的を達成するための意図的な暴力の相互かつ合法的な利用により、それ以外のすべての活動と区別される」[4]。クラウゼヴィッツ自身は「敵に我が意志を強要するために行う力の行使」[5]として決定的に戦争を定義した。

上記の定義で示唆されているように、さまざまな種類の戦争が存在し、それらは時に重なり合っている。国家間戦争、内戦、革命戦争、帝国的戦争、対テロ戦争、宗教戦争、独立戦争などである。この非常に変幻自在な現象のなかで、これらの下位区分そのものも、時を経ると相当に変化する可能性がある。

こうした考えを踏まえながら、本書では以下のような戦争の定義を提唱しておこう。すなわち戦争とは、政治目的をもって実行され、社会＝政治的ダイナミクスを有し、相手を従わせるための武力行使を中心とする、武装集団間における、小規模ではなく、一様でない、組織された、相互の対立および暴力を意味するのである（一部の学者は、有益なかたちで問題を複雑化するために、「戦争行為（ウォーフェア）」

は戦争（ウォー）の下位概念であり、戦争行為は戦争の実際の遂行、戦争に含まれる実際の戦闘を意味すると提唱している）。

近代戦争とは何か

「戦争」が不確かなものだとすれば、「近代」を定義することはなおさら困難だと判断されるかもしれない。聖書に親しんでいる者にはよく知られているが、戦争には非常に古い歴史的起源がある。もし（ハリー・サイドボトムが提唱するように）「古代」戦争が「前七五〇年あたりから紀元六五〇年頃まで[6]」にあったとするなら、それと対比するかたちで、明確に「近代的」な戦争は何を意味するのかを定義する術（すべ）を見出すことが重要だと思われるかもしれない。しかしながら、またしても満足ゆく定義を見定めるのは容易ではなさそうである。

というのも、いったい、「近代」戦争は実際にはいつから始まるのであろうか。人々は、戦争の歴史において、さまざまな大断層の存在を主張している。一六世紀半ばから一七世紀半ばにかけての変化に焦点を当てる者もいれば、一五〇〇年から一八〇〇年というより長い期間、または一八世紀末の特定の節目に焦点を当てる者たちもいる。このようにさまざまな見方があると、はたして「近代」戦争が登場した節目を特定できるのかと疑問を抱くかもしれない。戦争において近代的と目されるものの定義について綿密に考察すると、あるいはそうした懐疑的な見方を強めることになるかもしれない。

なぜなら、もし「近代的」を（『簡約版ＯＥＤ』のように）「いま存在している」「現在および最近の、またはそれに関する／現在の時代や時期に起源をもつ」という意味でとらえる場合、年代的な意味

――人類の経験における、扱いやすくなるよう区切られた特定の時期に、当たり障りのない枠をはめる――を除けば、ほとんど分析上の価値をもたないからである。戦争も、考察する時点も絶えず変化するので――この意味では――「近代」ではなく「近年（リーセント）」や「同時代（コンテンポラリ）」という用語を用いてもよいのかもしれない。これは重要な点である。なぜなら、「近代」戦争に固有の性質やダイナミクスがあると見なす場合、それは「現在」の独我論（ソリプシズム）［自分の認識の絶対性を強調する立場］をともなう危険性があるからである。二六世紀の学者は、たとえばわれわれの過去二〇〇年が「近代」という用語を独占することを本当に許してくれるであろうか（さらに言うなら、その未来の学者は、われわれが自分たちの時代は実は近代以後（ポストモダン）であると主張しているのを知って、われわれが独我論から過剰な自己陶酔（ナルシシズム）へ進んだと見なす可能性さえある）。ならば、近年や同時代の何かを示唆すること以外に、近代戦争には正当化および擁護可能な意味はないと断じるべきなのであろうか。

　さらに言えば、あらゆる歴史的断層を越えて存在する継続性はきわめて顕著なものであるから、「近代」戦争や「近代以前（プレ・モダン）」の戦争という観念はいずれにせよ幻想にすぎず、加えて変化は漸進（ぜんしん）的で無秩序であるため――しかも過去の遺産はとにかく膨大である――有効な時代区分は不可能であると指摘する人もいる。時代をまたぐ強力な継続性が歴史的に存在しているとすれば、われわれはそれでもなお戦争における近代的なものと近代以前のものとの間に何か明確な大断層が存在すると断言できるのであろうか。

技術変化という概念に着目することで、近代戦争に包含されるものがより明確になると指摘する者もいる。マーチン・ファン・クレフェルトの言葉を借りれば、「戦争には技術があまねく浸透し、戦争は技術によって左右される」[7]と強く主張することもできる。一六世紀の火薬革命は、潜在的な破壊の技法という点で明らかに大きな差異をもたらした。それは一九世紀における大砲の発展についても同様であった。同じく一九世紀の広範な鉄道ネットワークの創造も同程度に重要であった。この発明によって、（たとえば、一八六一～六五年のアメリカ南北戦争で明らかだったように）兵士を随所に移動させやすくなった。兵器や物資、軍隊そのものをより迅速に移動させることが可能になり、より効果的な通信と、きわめて広範囲に及ぶ調整も相まって、従来に比してはるかに大規模な作戦を実行できるようになったのである。一八五〇年代半ばの、クリミア戦争中のセヴァストポリ攻囲は、いまや可能になった戦争の規模拡大を反映しており、［英仏］連合はこの攻囲戦に一三五万発の砲弾を費やした。

明らかに、技術変化により戦争が時に大きな変化を遂げてきたことに疑問の余地はない。ポール・ハーストが指摘するように、「一九〇五年のイギリス戦艦『ドレッドノート』は、一八〇五年の戦艦［戦列艦］『ヴィクトリー』の乗組員にとってほとんど理解不能なものであったであろう」[8]（図2、図3参照）。米国が先陣を切った核兵器の開発は、戦略に関する二〇世紀後半の超大国の思考を

図2　イギリス海軍1等戦列艦「ヴィクトリー」(1805年頃)

さらに劇的に変化させた。恐るべき膠着状態が生じ、これらの凄まじい兵器は、第二次世界大戦後に使用するにはあまりに相互破壊的であると見なされた。しかし、こうした技術変化は、戦争における「近代」が始まった節目を特定できる、ということを必然的に意味するのであろうか。むしろ、戦争に関わりの深い技術の、不規則かつ漸進的に進歩する一連の側面が現れたということなのかもしれない。戦車やコンピューター、無線、機関銃、飛行機、核爆弾は、いずれも決定的な影響を及ぼした可能性があるものと見なされるであろう。しかし、技術変化による差異は、一八五〇年の戦争と一九五〇年の戦争を比べた場合よりも、一八五〇年の戦争と一七五〇年の戦争を比べた場合のほうが大きいと証明すること、

図3　イギリス海軍戦艦「ドレッドノート」（1905年頃）

あるいは一九五〇年から二〇五〇年にかけての変化は、一八五〇年から一九五〇年にかけての変化ほど決定的ではないと判断すべきであると証明することは容易ではない。

近代を定義する際に、戦術と規模は技術変化よりも有用であろうか。例によって、戦術と規模においても、驚くほど長期間にわたって非常に明白な継続性があった。近接戦闘は、一六世紀初めにそうだったように、一九世紀初めの戦場でも行われていた。また、大規模な常備軍を近代戦争における決定的な要素と見なす者もいるかもしれないが、大規模な常備軍が創設されたのは一七世紀末のことである。ヴァレンシュタイン〔三〇年戦争期の傭兵隊長〕は一六二〇年代に一〇万人の兵士を抱えていたし、紀元前四八〇年にギリシャを侵略したペルシア軍でさえ非常に多くの兵士を抱えていた。第一次世界大戦および第二次世界大戦における血塗（ちまみ）れの破壊を比較――両大戦以前の戦争で落命ないし障害を負った者の当時の世界人口に対する割合を考慮する――の文脈に位置づけるなら、大量の犠牲者という観点からも、変化の状況は決して明白ではない。

あるいは戦争において近代が出現する、行政上の画期があるのであろうか。一九世紀における戦争の事実上の専門職化はたしかに大きな変化を意味し、当時のより中央集権化され領土を実効的に支配する国家は、新しい原理に基づいて軍を指揮し、動員する能力を享受していた。また、もし戦争における近代の出現を画する主要な候補がひとつあるとすれば、それはおそらく多くの現代国家の誕生の背景にあるイデオロギー的変化であろう。すなわち、一八世紀末における真の意味でのナショナリズムの登場である。すでに別の著作（拙著『アイルランドの自由』）で論じたことであるが、ナショナリズムの本質は、共同体と闘争、権力という諸現象がきわめて強固に織り合わさることにある。また、平等と国民主権、自由の交錯に基づく［社会的抑圧からの］解放は、かつての強力な、しばしば抑圧的なプロト国民国家を土台として、一八世紀の新しい現象（ナショナリズム）の創出に寄与したのである。

ナショナリズムと近代戦争

われわれの戦争理解にとって、ナショナリズムの影響は深遠なものかもしれない。おそらくナショナリズムは、「近代」戦争に関して何かしら本質的に異なるものを提示するにあたって、単なる近時性以上に、最も有意義な基礎を提供しているのである。

なぜなら、もし真に明確に近代的な戦争、何かそれ以前のものとは質的に異なる戦争を生じる画期的な変容があったとすれば、それはおそらくフランス革命およびそれに関連するナショナリズムの出現であるからである。革命は、戦争のために――事実上、国民戦争のために――意識的に組織化することのできる真の意味での**国民を生み出した**。こうした国民戦争は、戦争遂行という目的のために適合させられた国民経済や質的に異なる闘争と結びつく軍隊をともなった。

新兵募集は、自ずといまや従来とは異なる規模で実施され、また従来とは異なる種類の新兵を集めることができた。より多くの人々が戦争のプロセスに関与するようになったし、闘争を司る主権を人々が等しく共有していることを考慮すると、戦争のプロセスへの関与には新しい種類の責任がともなうと見なされた。国民を基盤とする大量動員と恒常的な職業軍により、新しい種類の軍隊――国民的＝政治的な義務と自由を有し、集団的国家資源の原則に基づく、潜在的な愛国者からなる国民軍――を生み出すことができたのである。

一七九三年の国民皆兵（*levée en masse*）の導入は事実上の徴兵制度をもたらした。同布告では、フランスの敵が国内から駆逐されるまで、フランス国民のうち一八～二五歳の未婚男性と子供のいない未亡人はすべて軍務に徴集される可能性があるとされた（図4参照）。このため、ナポレオンは一七九四年までに一〇〇万人以上の兵士を擁していた。これは実にヨーロッパでは前代未聞の軍隊であり、また組織的動員であった。これには、イデオロギー的側面と実際的側面があった。より多くの兵士が必要であったが、国家は全国民および共同体の意志を体現するという主張を反映し、また

図 4　ナポレオン・ボナパルト（1769–1821）

これをいちばん実際的なかたちで表現することが必要だったのである。フランスの一七九三年六月憲法は、すべてのフランス人男性に投票する権利を与え（当時は、いまでは受け入れられないであろうジェンダーによる制約がまだ残っていた）、彼らすべてに兵役義務を負わせた。もちろん、実際には、すべてのフランス人が兵士になったわけではないし、すべての国がただちに徴兵制を導入したわけでもなかった（歴史は、一九九〇年代初めのイングランドのサッカークラブ・アーセナルのフォーバック［鉄壁の守備を誇ったDF四人組］のように、同時に前に進んだりはしない）。しかし、個人的献身と軍務への参加、共同体への忠誠心、義務のあいだの従来とは異なる関係に関する考えが確立され、その後の――そして明らかに近代的な――戦争の多くの性質と規模、管理に非常に強い影響を及ぼした。

同様に、プロイセンの一八一四年の徴兵法が国の防衛は普遍的な責務であると布告した時、それは国民の要件（国家が軍務を必要とするなら）と同時に、国民統合の手段を象徴していた。この二重の特色――決定的な人間の力としてのナショナリズムへ向かう変化を反映するだけでなく、そうした変化を強める――は、明白に近代的な戦争形態に存在する、最も特徴的な要素と見なされうるものの核心にある。おそらく、戦争の性格が実に根本的かつ永続的に変化してしまったのである。こうした変化は、単にヨーロッパに限られるわけでもなかった。エジプト総督のメフメト・アリは、一八二五年に軍参謀学校を設立したのとあわせて、一八二〇年代に徴兵制を導入している。

近代戦争の諸段階？

もしかすると、近代戦争の本質的な特徴を定義しようと試みる、もっと間接的な方法もあるかもしれない。たとえば歴史家は、近代戦争とそれ以前の時代との最も大きな違いは、われわれが手にしている証拠の範囲、広がり、重み、種類がまったく異なる点である、と指摘するかもしれない。二一世紀初めのイラク戦争を、トゥキディデスが見事に描き出したペロポネソス戦争と対比して描くことは、おそらく分析のしかたがまったく異なるであろう。なぜなら、それぞれの研究対象を見ることができ、また見なければならない史料のレンズがあまりに異なるからである。

さらに、戦争の歴史に下位区分を設けて細分化しようとする学者もいる。こうした細分化は「近代」戦争のもつ重要性そのものを多かれ少なかれ損なうおそれがある。たとえば、「戦争の四世代」パラダイムを信奉する者は、第一世代（馬とマスケット銃、ナポレオン戦争）、第二世代（ライフルと鉄道、アメリカ南北戦争から第一次世界大戦まで）、第三世代（電撃戦(ブリッツクリーク)／高速機動戦）、第四世代（情報技術を利用する非対称戦／軍隊だけでなく政治・経済・社会ネットワークを含む、反乱軍への集中。アフガニスタンとイラクにおける二一世紀の戦争に顕著）に区分される戦争の概念について、強力な論拠を提示している。最近の「軍事における革命」（RMA）は、それどころか、「近代」戦争の大半を不要なものにしてしまったのであろうか。こうした考えを支持する者たちは、ポスト冷戦の文脈では、通常戦力の多くをほとんど時代遅れにしてしまうようなかたちで、情報技術が戦争を変容させていると指摘する。情報収集や洗練された通信システム、小規模部隊の展開、精密誘導兵器の使用が、通常兵器に代わって重要になっているからである。

　これとは別に、「新しい戦争」論を支持する者もいる。彼らは一九八〇年代から一九九〇年代にかけて新しい種類の組織的暴力、事実上の新しい種類の戦争が登場したと提唱した。「新しい戦争」は、国家間／集団間の暴力と犯罪、大規模な人権侵害という区分の不鮮明化をともなうと考えられている。こうした「新しい戦争」は、混乱をもたらすグローバリゼーションを背景として登場し、国際的（インターナショナル）、越境的（トランスナショナル）、離散的（ディアスポリック）な影響を色濃く示すものとして提示される。「新しい戦争」は、それ以前の戦争と比して、イデオロギー的ないし領土的な目標よりも、アイデンティティ・ポリティクスとより深く関わっている。また、暴力がもっと故意かつ明確に民間人に対して向けられ、異なるかたちで戦争が遂行されると言われている。さらに、新しい戦争は、従来とは異なり、脱中央化した、より犯罪的なかたちで資金を調達し、国家の分裂によって特徴づけられている。新しい戦争は、その主唱者であるメアリー・カルドアの言葉を借りれば、「戦争、犯罪、人権侵害の混ざり合ったもの[9]」を象徴していた。

私自身は、こうした戦争が実際にどこまで新しいものだったのか、またいまも新しいものであるかについては懐疑的である。民間人を故意に標的とする、戦時の大規模な暴力は、歴史的にみて決して新しいものではない。犯罪や、戦争中に犯罪者によって組織される暴力についても、（残念ながら）近代戦争の新しい側面というわけではない。アイデンティティ・ポリティクスが一九八〇年代よりかなり前から、長く近代戦争の一部を構成していたことも事実である。また――歴史志向の者にとって――戦時下における国家権威の解体は、非常に馴染み深い光景である。そのうえ、他の学術的著作の多くは、いまやこうした「新しい戦争」論に対する懐疑主義を支持している（シニシャ・マレセヴィッチおよびヒュー・ストローンとシビル・シャイパースの著作に含まれる懐疑主義など[10]）。

3　小括

それでは、「近代」戦争に関して拮抗（きっこう）する、これらすべての議論を検討したあとで、われわれはどう考えればよいのであろうか。依然として、一八世紀末の長い節目に、歴史的に決定的な変化が起きたように私には思われる。それはきわめて重要な変化であるため、その変化ののちに生じた、戦争に関して明らかに新しく、実質的に近代的といえるものについて語ることには意味がある。偉大なカール・フォン・クラウゼヴィッツ（一七八〇～一八三一年）について、私は本書のなかですでに一度ならず言及している。このプロイセンの軍人哲学者の死後に出版された古典『戦争論』は、戦争という現象を暴力、偶然、政治という三つの主要な要素からなるものとして提示し、その相互作用が戦争の永続的な性格を決定するとした。クラウゼヴィッツは賢明にも、「摩擦」（実際問題として、偶然に、またしばしば予期および意図しないかたちで目的遂行を妨げ、容易に思われることの達成をきわめて難しくする困難と障害）が戦争の実際の結果をどのように生み出すかを指摘した。彼は、適切な理解に基づけば、戦争は国家政策の合理的な道具――政治的目的に対する軍事的手段――であると断言した。すなわち、「戦争とは他の手段をもってする政策の継続にほかならない」、「政治的手段」、「政策の手段」であり、「戦争は決して政治的交際から切り離しえない[11]」。

すでに述べたように、クラウゼヴィッツは戦争を、強制力をともなうものとして、永続的な原理に基づいて提示した。

> もし敵を我々の意志に従わせようとするなら、我々が要求する犠牲よりも、より過酷な状況に敵を追いやらねばならない。しかし、この状況の不利は、当然ながら、少なくとも表面的には、一時的なものであってはならない。さもなくば、敵は一層有利な時機が到来するのを待って、一歩も譲ることなく抵抗を続けるであろう[12]。

しかし、近代をめぐるわれわれの議論にとっては、クラウゼヴィッツがフランス革命によって、これまでとは異なる個人と戦争の関係が存在する時代が始まったと考えていたことも重要である（彼自身、革命軍と戦ったことがあった）。戦争はいまや真に合理的なもの、手段としてのもの、また**国民的**なものにもなったのである。それは、戦争の組織がこれまでと異なる原理に基づき、その戦闘員が以前にも増して戦争と不可分の関係にあることを意味するようなかたちにおいてであった。近代ナショナリズムの出現とともに、近代戦争が誕生したのである。そして平等と主権、自由の交錯が政治的世界を規定すると人々が本当に考えるようになったとすれば、国民のための戦いが戦争の性質を歴史的に変化させたのである。

したがって、「近代戦争」とは、政治目的に基づいて実行され、社会＝政治的ダイナミクスを有し、相手を従わせるための武力行使を中心とする、武装集団間における、小規模ではなく、一様でない、組織された、相互の対立および暴力と定義することができる。近代戦争は、フランス革命後のナショナリズムの時代に位置づけられる。その時代には、国民的共同体と闘争、権力が織りなすダイナミクスが、暴力的戦争の特殊な形態を規定してきたのである。

私は、「戦略」と「戦術」を結びつけて定義しなければならないと考えている。そこで、前者を特定の政治目的と政策目標を達成するために軍事的手段を利用する術(アート)として、また後者をそれよりも下位の次元で作用するものとして定義することにしよう。戦術とは、戦略目標に合わせて組織化された軍隊を利用することにともなう、日々の細かい選択である。このように定義すると、戦術は戦略の実現を意味する。例によって、クラウゼヴィッツが戦術と戦略の関係を以下のように的確に表現している。「戦術とは戦闘における軍事力の使用に関する理論である。戦略とは戦争目標のための戦闘の利用に関する理論である」、また戦略とは「戦争目標の達成に向けての手段としての戦闘の利用」である[13]。

第2章　原　因

どの戦争にも、その裏側には常に戦争を正当化するため多少なりとも嘘が隠されている。それが歴史の真実なのである。……どの戦争にも、開戦理由には必ず若干の嘘が含まれる。

（マーク・カーランスキー『非暴力』二〇〇六年[1]）

近代戦争が始まる原因は何であろうか。ただひとつの答えないしモデルによって、あらゆる戦争の偶発的な開始をうまく説明できないことは明らかである。検討の対象となる戦争はさまざまであり、区分（内戦や国家間戦争、革命戦争など）や場所、時期、規模が多岐にわたるために、きわめて多種多様な説明が必要となるかもしれない。また、暴力の背景にある原因について研究者が辿りつきそうな答えは、分析対象にする一連のデータによって左右されるかもしれない。しかし歴史的にみると、いくつかの中心的なテーマが潜在的に重要なものとしてくり返し浮かび上がってくる。戦争には無数の起源があるけれども、われわれはここで、ナショナリズムと国家、帝国、宗教、経済が果たす、しばしば相互に関連する役割を考察することになる。これは、近代戦争を適切に理解すれば、軍事以外にも多くの事柄が関係しているということを認識し、近代戦争を政治と社会のより広範な諸力と関連づけることになるという前述の見解を反映している。

1 ナショナリズム

ナショナリズム

では、ナショナリズムが戦争を引き起こすのであろうか。往々にしてそうである、と考える者がいる。古くからの民族的憎悪が燃料を供給し、燃え盛る憎悪にいつまでも抵抗し続けるのを困難にするという理由からである。しかし、デイヴィッド・ライティンのように、この俗説に異論を唱えるすぐれた研究者もいる。彼らは、隣り合う民族集団の大多数は、たとえば、暴力的な紛争に訴えたりしないと指摘する。[2] したがって、民族や国民の違いと戦争の発生の間には、必然的な関連性はほとんどないのかもしれない。ノーベル賞を受賞した心理学者、ダニエル・カーネマンが指摘しているように、われわれはこの点で利用可能性ヒューリスティック（availability heuristic）の虜（とりこ）になってしまっているのかもしれない。利用可能性ヒューリスティックとは、特異で人目を引く、記憶に残る事例という、典型的でない標本（サンプル）から一般的な議論を引き出そうとする傾向のことである。[3] われわれは、国民集団ないし民族集団が戦争と流血に訴える時に注目し、報道する。諸集団が（はるかに多くの事例でそうであるように）互いに平和に共存している時には、ほとんど人目を引かないのである。

しかし、ナショナリズムと戦争の間に自動的な因果関係がないとしても（そして私は因果関係がないと考えているのだが）、競合するナショナリズムが戦争の発生に少なくとも関与しているように見えることがままある。また私は、歴史上、国民主義的（ナショナリスティック）であることが開戦を導いたダイナミクスの一部を説明することが可能であると考えている。焦点を当てるべきは、戦争の原因のなかで、説明する際に明確にナショナリズムを必要とするものである。またそれは、われわれがこのとても重要な近代的現象についてきわめて明確に理解しておかねばならないということを意味する。つまり、ナショナリズムそのものの定義とダイナミクスを厳密に考察しなければならない。近代戦争に対するナショナリズムの実際的な影響については、このすぐあとで再び取り上げるが、多くの戦争が発生する際に実際には何が起きているのか（またその理由）を理解するためには、まずこの非常に重要な現象――ナショナリズム――をやや詳細に検討する必要がある。

「ネイション〔国民〕」（共通の先祖と歴史、文化により特徴づけられた明確な集団であると自認する人々の集団）と「ナショナル〔国民的〕」（ある国民に明確に特徴的なもの）、「ナショナリティ〔国籍・国民性〕」（ある国民に属するという事実、またはそれに関連するアイデンティティや感覚）という用語を定義するだけでも困難である。「ナショナリズム」そのものを定義することはそれよりもっと複雑なプロセスであるが、私自身の学術的な議論は、ナショナリズムの真の定義と説明は、共同体と闘争、権力をめぐる政治の独特な混交にあるというものである。

国民的共同体

共同体に関する国民主義的な観念——おそらく、いまだに非常に強力なもの——は、人類の根源的な本能および欲求の多くと共鳴している。人類の根源的な本能と欲求とは、生存、安心、保護、安全を求めること、経済的およびその他の実際的な欲求の充足を求めること、また欠くべからざる帰属、とりわけ（生来、社交的な人類にとって）安定的でまとまりがあり、有意義であり、いつまでも独特な、特徴的な集団への帰属を求めることである。

この帰属というプロセスが機能するためには、集団の成員間に共通する意思疎通の手段が必要となる。つまり、恒久的な合意と一貫性、交流、統合、信頼の基礎をもたらすものが必要である。これはさまざまなかたちをとる可能性があり、感情的ないし心理的な価値があるだけでなく、往々にしてきわめて実用的なものである。**領土**もそのひとつである。すなわち、われわれ自身の特別な場所、つまりわれわれが活動し、その資源に頼り、その固有の特徴から感情的および実際的な滋養を得る土地への愛着ということである。場所と民族的祖国の重要性に、**人々**そのものにある共同体としての重要な特徴を加えることができるかもしれない。ここには実用的な側面がある。なぜなら、われわれの身の回りの共同体は、われわれの生存にとって必要だからである。しかし、心理的な報酬もある。なぜなら、われわれ自身が属す特別な国民を高尚なものとすることは、個人の自尊心と充足感、目的、意義の増幅を可能にするからである。

国民主義者（ナショナリスト）は、しばしば、共同体としての**血統**という考えでこれをさらに一歩進める。同じ国民の成員として、われわれは血によって結ばれている、と想定するのである。これは、ほんの部分的にしか事実ではないかもしれない（なぜなら、国民的集団は密閉された血統集団ではなく、むしろそれよりはるかにハイブリッドな現象である傾向があるからである）。しかし、それはそれとして、完全に事実ではないというわけではないことも明らかである。あなたが生を受けた人々の集団が、しばしばあなたの国民的アイデンティティを決定する。実際、あなたは別の国民の成員よりも、あなた自身が属す国民の成員と血で結ばれている可能性が高いのである。

　この帰属プロセスのほとんどを通じて、**文化**という、より広範な結びつきが、もうひとつの意思疎通の手段となるとともに、また国民主義的な共同体が非常に魅力的な理由のもうひとつの説明となっている。文化は、特色ある共通言語だけでなく、宗教や音楽、スポーツ、食べ物、価値観という隠喩的言語を含みうる。これらの言語は、ある国民的集団内の交流と信頼、目的の共有を可能にする。そして、ここでの鍵となる特徴は、われわれ自身の国民的文化にあると見なされる特殊性である。

　共通の文化は、共通の**歴史**という感覚への依存と結びついていることが多い。われわれが所属しているこの集団は永続的なものである。この集団は、歴史的偉業と遺産を通じて価値を得、またその想像上の未来における目的と方針を有している。もし国民の歴史がどん底に落ち込むとすれば、われわれは歴史的な救済を強く求める感覚において結束する。こうした歴史の物語には潜在的に大きな魅力があり、抗いがたい教訓と**道徳**を含んでいる。

　それゆえに、国民的共同体は倫理的側面をもつ傾向もある。われわれの集団は、それが体現するものにおいて単に特徴的であるのみならず、むしろよりすぐれた道徳的主張、価値観、目的、責務によっても特徴づけられている。国民主義的共同体のより陰のある特徴――それでもやはりその魅力を定義し、その魅力を説明するものであるが——は、排他性の観念に見いだされる。自身の独自性は、自分が明確に当てはまらない区分［他者］を暗示し、要求するのである。国民的文化と歴史が共同体に誰が含まれるかを定義するなら、それらは誰がその範疇（はんちゅう）の外、向こうにあり、またその範疇から除外されているかも定義する。そして、こうした定義も、善対悪の物語を語るにあたって、また同時に大きな慰めと道徳的確信をもたらすにあたって、多くの人々にとって魅力的なものとなりうるのである。

国民的共同体は、これらの特徴——領土、人々、血統、文化、歴史、倫理、排他主義への共通の愛着——をすべて必要とするわけではないが、その一部を必要とする。また、これらの特徴それぞれの感情的および実践的なロジックは、こうした共同体的、国民的な集団の存在と永続性、魅力、普及を説明するのに役立つ。

国民主義的な闘争

しかし、ナショナリズムは、こうした自覚的な共同体の成員であることを意味するだけにとどまらない。それは闘争も意味するのである。つまり、変化をめざす集団的な動員、活動、運動、また目標に向かってプログラムされた努力である。こうした目標は多様かもしれない。自主独立、より大きな政治単位からの分離、国民的文化の存続や再生、国民的集団のための経済的利益の実現などが含まれるが、歴史を通じてもっとさまざまな目標がある。そして、やはり重複する動機を見つけることもできる。自己保存への重要な衝動、物質的利益の実際的追求、威厳や威信、意義の切望、（実際のものか想像上のものかを問わず）脅威への説明のつく対応、過去の不法に復讐し、集団の不満を晴らす衝動などである。

このすべてにおいて、国民主義的な闘争は、現在の不法と見なされるものを正すことを意味している。また、このすべてにおいて、共同体の目標を組織的に追求する際には個人の関与もある。ナショナリズムのもつ永続的で広範に及ぶ魅力を説明する助けとなるようなかたちで、その国民主義者個人に恩恵をもたらす共同体としての利益をともなっているのである。

もし個人への報酬が国民主義的な集合体への関与によって増幅されるなら、国民主義的な闘争がもつ二重の魅惑にもとくに言及する価値がある。ひとつには、手段としての魅力がある（価値ある、必要な目標を達成する手段としての闘争）。しかし、闘争それ自体に固有の魅力もある（その心理的報酬、またまさに国民主義的運動によって追求され、尊ばれ、大切にされる資質を個人と集団の両方に与えること）。

国民主義者たちは、こうした闘争をどのように遂行するのであろうか。時には暴力を通じて（本書のテーマに深く関係する、民族解放や拡大、併合をめぐる戦争において）、時には選挙と政党政治のプロセスを通じて、時には文化運動を通じて、また時にはくり返される儀式や儀礼、国民の生活や場に築かれた象徴に国民的思想を刻み込むことを通じて遂行するのである。

国民的主権という権力

しかし、ナショナリズムは、単に闘争状態にある共同体に関係しているのではない。それはまた、権力の問題にも大きく関わっている。権力とは、国民主義者たちが絶えず手にしようと努めるものである（往々にして国民（ネイション）と一致する国家（ステイト）というかたちをとる）。そして、国民主義的目標を追求する際の権力の行使が、国民主義的活動を定義している——また、やはり国民主義的活動を説明するのに役立つ、と私は考える。根本的には、ナショナリズムとは、実は正統化権力をめぐるポリティクスであるとすら指摘できるかもしれない。国民主義者は、国民が政治的権威の適切な源泉であると想定し、したがって自身が属する特徴的な国民的共同体のために権力を求める傾向がある。国民的権力の正統性は、共同体において権力を握る者が自分に似ており、自身が属する国民的集団の出身で、自分自身の利益と価値観、嗜好、本能を代表するという魅力的な見込みを意味する。

　そして、権力に関する国民主義的な考えは、主権という重要な観念に集中している。それどころか、ナショナリズムの魅力の多くは、国民的共同体が自由で独立した集団として、その共同体に対する完全な主権を有している、という思想への愛着にある。国民に含まれるすべての人々は、その集団のために決断する主権的権力を平等に共有しており、それゆえにあらゆる法律は究極的に自分自身の権威に由来する。ナショナリズムの魅力にとって重要なのは、まさにこの考え、つまり自分たちを統治する権力を平等に共有することにより、われわれは真に、永続的に自由になるという考えである。われわれは国民主義者として、自身の国民的統治者に対して、また彼らが主権的権力をもつことに対して同意している。そして、大衆の国民主権という考えへの個人の愛着には、一定の合理性がある。なぜなら、国民的共同体のなかの個人として、われわれは自身のために決断を下す主権を平等に共有しているからである。それゆえに、われわれは自由だと考えられている。

　これが、国家権力と自己決定権が世界中の国民主義的な歴史と政治の中心にある理由であり、また非常に多くの人々の思考と闘争において、自由がナショナリズムと密接に関係している理由なのである。しかし、もし権力が多くの国民主義的な闘争の目的であり、原因であるとすれば、権力は国民主義者が日々や年々の活動で実践することの中心にもある。権力は、国民主義的な共同体が、その目標を追求し、達成し、維持するなかで行使される。また、不法を正すため、自由や文化を獲得したり守ったりするための国民主義的な運動における力（レバレッジ）としても利用される。暴力的、プロパガンダ的、威圧的、行政的、口頭上、書面上、国家的、準国家的、またその他多くのかたちの説得と強制において、権力が振るわれる。これは単なる個人的な行為ではなく、広範な動員をともなうものである。そして、こうした権力を振るうことの魅力が、人の生き方の一部としてナショナリズムがもつ永続的な魅力を説明するのに役立つ。

　このように、共同体と闘争、権力は、ナショナリズムおよびその政治と歴史における並外れた影響力の複合的な定義と説明を提供している。自らを識別したり帰属したり、または変化を追求したり権力を獲得したりするのに、ナショナリズム以外の手段がないというわけではない。要点はむしろこうである。ナショナリズムというかたちでの、共同体と闘争、権力の特定の混交により、それ以外の手段よりもはるかに大きな機会がもたらされるのである。家族は、不可欠な取引や安全をもたらすような規模の交流を提供できない。非常に有力な地位［君主など］でさえも、ナショナリズムを通じて利用可能になる、重大で持続的な権力へのアクセスを許さない傾向がある。そして、準国民的な文化的情熱――地域やサッカーチーム、その他の何であれ――もまた、国民的な文化的情熱のようには、われわれが強く望むものを手にする大規模で永続的、包括的な可能性をもたらさないであろう。

実際のところ、ナショナリズムには、他のものを引きつける性質がある。われわれの生活における他の分野から、それらの分野も同時に強化するように見えるかたちで、さらなる力を取り込み、組み入れ、獲得することを可能にしている。家族は安寧と意義、帰属をもたらすが、国民的共同体の権力によって保護される。事業の権益は国民によって守られ、促進される。スポーツの情熱や音楽の誇りは、その国民的次元を通して栄誉と賞賛を獲得する。フェミニズムや社会主義、宗教はすべて非常に強力な魅力をもっているが、そのどれもナショナリズムのようには国民を引きつけることができない。多くの人々の目には、その幾多の欠点にもかかわらず、ナショナリズムのほうが、それと競合する世界観よりもすぐれた一連の可能性をもたらすように映るのである。

戦争の原因としてのナショナリズム？

さて、仮に共同体と闘争、権力の混交がナショナリズムを説明するなら、このことは戦争の原因とどう関係しているのであろうか。私は、この関係がしばしば絶対的に重要だと考える。個人と集団の国民的共同体に対する献身の度合いを、それにともなう重要な優先事項（安全、生存、社会的意義、特殊性）という点から説明できるとしよう。その場合には、敵の脅威からこうした共同体を守るための合理的かつ感情的な力は、たとえ戦争によるとしても、この上なく説得力があり、倫理的にも強制力をもつと思われるかもしれない。大切な領土と人々、文化、誇り高い歴史という要素――倫理的正しさと排外的想定の力強い感覚によって強化された――は、潜在的な紛争状況において再三再四、強力な混合物(カクテル)となるし、参戦について考え、また実際に参戦する根拠を提供するであろう。

国民主義的な闘争の魅力に固有の、またその手段としての側面は、なぜ凄惨な戦争に訴えることが多くの人々にとって合理的かつ魅力的なものに見えることがあるのかを説明するのにも役立つ。唯一可能な（暴力的）手段によって必要な事柄を達成するための活動により、酷い流血沙汰を求める国民主義的な衝動のダイナミクス——手段としての説明抜きには奇妙に思われる——がやはり理解可能なものとなる。必要な事柄とは、他者からの物質的ないしその他の利益や獲得かもしれないし、自身を代表する人々の権力の保護や確保かもしれない。国民主義的な闘争の根源には、しばしば主権と平等、自由が交錯する重要な魅惑がある。主権・平等・自由の追求、またそれらが一度達成されれば、それらの防衛は、近代史を通じてたびたび戦争を正当化し、必要としてきたように見える——事実上、それが戦争に目的を与えているように見えるのである。

したがって、ナショナリズムは原因の同時並行的なプロセス（手段的、合理的、感情的、表現的、本能的）を許容している。理屈抜きの執念深い破滅的なものと計算高く調整されたものとが、この包容力のある枠組みのなかで共存することができるし、しばしば実際に共存している。不満に突き動かされたナショナリズムと共同体的な闘争のダイナミクスを合わせると、たびたび戦争の発生に向から衝動を説明することができる。

これは決してナショナリズムが自動的ないし必然的に戦争を生じさせるということではないし、このプロセスがナショナリズムだけをともなうということでもない。しかし、ナショナリズムが原因となる可能性は、近代史を通じてあまりに顕著なものであり、無視することはできない。とりわけ、国民主義者がしばしば手にしていると主張する倫理的権力——たとえば、国民（ネイション）と国家（ステイト）の境界は完全に一致するべきだというような――のために。またこのことは、ナショナリズムが大規模な組織化と一体感――近代における戦争の発生を容易にするものでもある――から生じ、またそれらを強化するという事実によって補完されている。兵役の義務という、参加を求められる感覚によって、国民的基盤の上に常備軍を確立することが可能だったのである。すでにそれとなく言及したように、フランス革命の大断層は戦争の近代性に関して重要であり、こうした戦争を実際に遂行するための能力に関して、ここでは徴兵制が象徴的である。ナポレオンは一八〇〇～一五年にかけて、見事に二〇〇万人以上を徴兵した。

戦争を正当化するナショナリズム

ナショナリズムと戦争の発生の関係には、正当化という次元もある。たとえ前述の因果関係の議論（ナショナリズムのなかで作用する大規模な共同体と闘争、権力のダイナミクスは、時として特定の戦争を発生させる偶然の土台となる）に懐疑的であるとしても、参戦への支持を正当化し、動員する多くの事例において、ナショナリズムが強力に利用されていることに疑いの余地はない。それどころか、ナショナリズムはどこにでも存在するが、同時にそのありようは地域によって独特であるという、しばしば指摘されるパラドックスは、ほぼ世界中で共通であるけれども、なお局地的に独特なかたちで参戦を正当化する唯一無二の機会を提供することになる。

参戦の正当化は、まさにきわめて個別的なかたちで語られる。特定の共同体を守るため、独特な生活様式を守るため、個々の町や村、文化を守るため、などである。また、大義のために戦い、殺し、死ぬことはしごく当然であると思わせるように、しばしば国民主義的なものがあらかじめ刷り込まれているという事実のために、これらの行為がそれほど忌まわしいことではないように見せることができる。人が出征するのは、しばしば想像の共同体のためというよりも現実の共同体のためである。しかし、想像の共同体という、より大きな連想によって可能となる、広範に及ぶ影響力が、近代戦争をはるかに容易に開始させることになる。イデオロギー的な正当化が国民主義的な正当化を超える力をもつことは滅多にないし、たいてい影響力の及ぶ範囲もそれほど広くない。報復すべき不法、防ぐべき脅威、守るべき誇り、追求すべき正当な要求——歴史を振り返ると、いずれの理由も、われわれが一時の好戦性を正当化するために自らに言い聞かせてきた物語にはっきりと表れている。

こうした正当化は、戦争の背景にある真の歴史的原因とは、部分的にしか一致しないかもしれない。しかし、それが果たす役割はそれでもなお決定的なものでありえるし、多くの人々が同意しうる、広く流布するまことしやかな理由を提供している。そのうえ、こうしたプロセスが機能するのは、国民主義的な主張が、当該国民の多くが偽りではなく真正で説得力があると考えるものと共鳴するときのみである。国民は創造されるものかもしれないが、その創造者は——他の創造物と同様に——利用可能な要素によって、またこれらの要素が互いに、さらに共同体の個人と相互作用する仕方から生じる限界によって制約されている。

これは、ナショナリズムが必然的、露骨ないし単純なかたちで戦争を引き起こすということではない。スタシス・カリヴァスはその重要な著作において、たとえば内戦が始まる理由、あるいは内戦が始まるや人々が戦闘に身を投じる理由は、戦前からの忠誠心によって適切に説明しうるという軽率な想定に対し、説得力ある警告を述べている。[4] 往々にして、地域ごとのダイナミクスは内戦における支配的な境界［宗教や民族など］とされるものに勝る。全国的なダイナミクスではなく、局地的なダイナミクスが、内戦の文脈で実際に起こることを左右し、また規定するのである。

しかし、近代の諸戦争の悲惨な多様性のなかで、ナショナリズムがしばしば一定の原因となっていることはほとんど疑う余地がないし、時としてその背景に合理的な計算を見出すことも不可能ではない。カリヴァスの警告的な議論を認めるとしても、民族自決はやはり近代の内戦の大きな原因のひとつであるように思われる。またすでに指摘したように、その理由を見つけることは困難ではない。ナショナリズムには容易に説明のつく、非常に大きな魅力がある。最も顕著な近代戦争のいくつかは、境界線をめぐって競合する主張や、いずれの「自己」が「決定」すべきかをめぐる論争から生じてきた。そのうえ、国民的なものと好戦的なものの融合は、特定の文化と記憶に深く、永続的に織り込まれるかもしれない。ドイツ国民国家の創始者とされるビスマルク［一八七一～九〇年のドイツ帝国宰相］は、好戦的な要素と誇り高い国民主義的な要素を非常に密接に結びつける永続的な影響力をもった人物である。

バーバラ・ウォルターは、民族自決が争われる状況において政権が戦争を決断する理由について、婉曲的な議論を展開している。ウォルターは、既存国家の一体性と影響力を損なう将来の反乱を抑止するために、往々にして国家には分離主義者と戦う合理的な根拠があると主張する。[5] 挑戦者の要求に譲歩するのではなく戦うことで、この国は手強いという評判――反乱を起こすことで挑戦者が払うことになる大きな犠牲、暴力的な犠牲を示すことで、今後の潜在的な挑戦者の意欲を削ぐかもしれない――を確立することになるのである。同様の不満をもつ、将来の潜在的な挑戦者に目を向けつつ、戦略的に考えれば（戦略は特定の政治目的と政策目標を達成するために軍事的手段を利用する術（アート）である）、譲歩するよりも戦うほうが合理的だと判断されるかもしれない。とくにこうした本能が、自身の地盤における別の派閥からの政治的圧力や、イデオロギー的な傾倒、歴史的な遺産、また経済的考察および貴重な資源を保持し続けることの重要性によって強化される場合にはなおさらである。

2　その他の原因

国家の役割

多くの場合、ナショナリズムと絡み合うのが、国家の役割である。上下からの力強い挑戦者［超国家的枠組みや国内の少数民族など］が存在してはいるが、国家は国際関係や国際秩序、国際政治を説明するうえで依然として重要であり、生存と権力を追求する国家の衝動は、しばしばきわめて明白であるように思われる。この意味で、国家は、ナショナリズムに関してこれまで言及してきたような傾向を強化するものと見なされるかもしれない。なぜなら、防衛と拡大、相手との競争に向かう本能は、実際の戦争の発生に寄与するからである。脅迫や包囲、主権への脅威にさらされ、眼前の危機に不安を抱く国家は、ホッブズであれば、予防的ではあるが詰まるところ防勢的な、敵に対する先制攻撃と考えたであろう行動に往々にして従事することになる。

近代において、なぜ国家は戦争をはじめるのか。このホッブズ的な、予防的、防勢的、自己保存的な先制攻撃が、ひとつの重要な答えを提供している。国家の統治者は、自国が実際に直面する脅威の程度について、（よくあることだが不完全な情報によって）たびたび誤解しているかもしれない。また、とにかく予防攻撃が最善の防御であるという誤った思考に導かれてしまうかもしれない。しかし、認識と歴史的現実の不一致は、多くの近代戦争をめぐる物語の核心にある。

近代国家のまさに本質そのものが戦争を引き起こすのであろうか。この現象に関する膨大な研究では、定義をめぐって長きにわたる論争があり、「国家」の構造的定義から機能的定義を切り離す試みはおそらく失敗するであろう。国家とは何かについての制度的構造の観点からの真剣な考察は、関係するさまざまな組織の、意図された機能と認識された機能、また実際の機能に関する検討を必然的にともなうことになるし、その逆も同様に真である「国家の機能を考察するためには、国家の構造を検討する必要がある」。ここでのわれわれの目的にとっては（また、この問題に関する以前の著作で、チャールズ・タウンゼンドと私が提案した定義と一致して）、国家は以下のように考えられる。「所与の領土に主権を行使し、内外の挑戦に対して主権の正当性を証明していると認められる、（その他の同様の集団からなる体制のなかの）独立した政治集団。合法的な武力の独占を主張することができ、また領土内の住民から正当と認められる、領土内の個人と組織を統制する権力をもつ政治体。軍事と立法、行政、司法、統治の諸機能を有する組織（ないし協調的であり、比較的中央集権化された一連の諸組織）。また、領土内の秩序の維持および統治の業務に根本的に関わり、統治の役割には公的で非個人的な性質によって特徴づけられる諸機関を含む政治体[6]」。

さて、上記の各要素はいずれも暴力的紛争の契機や根拠の一部を提供するように見えるかもしれない。たとえば、競争相手からの独立と主権を達成したり、守ったりするため。領土の境界を変えたり、維持したりするため。規制的ないし強制的な権利を行使するため（または、それに抵抗するため）。秩序を維持したり、覆したりするため。集団的正当化の失敗を明示するため。さらにいえば、近代国家の性質そのものも、大衆的・国民的契約との交錯という点においてであれ、実際の暴力の組織化と維持のための実践的能力という点においてであれ、近代戦争をより実行可能なものにする。近代において戦争を遂行する能力、また（残念ながら）かねて可能になっている大規模で、組織化され、持続的な基礎に基づいて戦争を遂行する能力は、国家の機械的装置に依存している。シニシャ・マレセヴィッチは、この一部は国家官僚機構と組織的強制の交錯をともない、その資金調達、中央集権化、組織化の能力に依存すると指摘している。[7] 現実には、実効的な大量動員の実現性は、相当程度まで近代国家に左右されるものである。

しかし、反論を提示することもできる。もし国家が近代戦争を可能にするとすれば、その逆を主張することもできるかもしれない。つまり、戦争が近代国家の成立を可能ならしめたのであり、したがって、因果関係の経路は、歴史的にみて直線でも単線でもないということである。統治者が戦争遂行のために財源を必要とする場合、住民からの徴税は魅力的な手段となり、近代国家とその官僚制に向かう組織化が起こった。

より重要なことに、国家に関するわれわれの定義を熟考すると、国家の成立が歴史的にしばしば戦争の発生を妨げるようにも作用している理由がわかる。一般に認められた領域内での、合意に基づく正統性。平等と主権、自由という、相互に絡まり合う国民主義的な要素の自発的な政治的表現。安定と秩序、保護の提供。経済的組織化と成功の持続的な基盤。永続的な混乱を避けるのに役立つ司法構造と行政構造。より多くの住民の間で最大限の機会を可能にする、非個人的な構造の維持。――これらすべての要素は、多くの近代国家によって実効的に保証されており、暴力的紛争の勃発の可能性を小さくすることに寄与している。

それどころか、**内戦**の発生という点では、重要な変数はまさに国家が弱いかどうかということである、と説得力をもって論じられている。国家が（デイヴィッド・ライティンの言葉では）「住民に基本的なサービスを提供することができず、周縁地域の治安を維持することができず、違法者と遵法者を区別することができない[8]」場合には、こうした弱い国家は内戦の発生を助長する可能性がより高い。もし内戦を防ぐことを望むなら、法の支配を実効的に施行する能力と意欲をもつ強力な国家が必要であると、こうした議論は示唆している。こうした解釈に基づくと、実際に戦争の勃発を促すのは、国家そのものに必然的に内在するものというよりも、国家の失敗である。

これは国家が本質的に平和を志向するという指摘ではない。むしろ国家の性質を戦争の発生と結びつけることに偏りすぎる評価に対する警鐘である。国民と国家の不一致と認識されるものが暴力的な紛争を発生させた事例はあったし、いまもある。歴史を振り返ってみると、国家の真の歴史的発展の一部として、国家の暴力的な転覆と乗っ取りの必要性を提唱する多くの議論があった（古典的には、マルクス主義の議論がそのひとつである）。実際には、これは往々にして、人々を政治的、暴力的に抑圧してきた国家の権力を力づくで奪おうと試みる革命運動を意味している。ジェフ・グッドウィンは、冷戦下の革命運動という現象に関するすぐれた研究において、それに関係する政治的ダイナミクスを強調し、国家の行動と実行、構造、およびこれらが時にどのように反政府革命軍という敵を生み出し、形成し、駆り立てたかを重視する。国家が評判の悪い文化秩序、経済秩序、ないし社会秩序を維持している場合。動員された集団を権力や資源から除外する場合。反対者を鎮圧するために暴力を用いる場合。実効的な警察力やインフラ力を持たない場合。また、国家が腐敗や専横的な統治を体現する場合。——こうした場合に国家に対抗して革命運動が引き起こされ、形成される可能性があるし、また実際にそうなった、とグッドウィンは論じる(9)。もちろん、こうした国家中心的な見方だけですべてを説明することはできず、グッドウィンもそれですべてを説明できると主張しているわけではない。しかし、こうした国家の行動と反応のダイナミクス、また動員された集団が政治的影響力と非暴力的な変化のための十分な余地を認められない場合に生じた問題は、革命的な反乱戦争を引き起こすうえで歴史的に役割を果たしてきた。

国際関係

国際的な国家**システム**の性質も、時に戦争を引き起こすことがあるのであろうか。偶然の外交の失敗、また同盟のドミノ効果は、戦争を引き起こす粗暴な物語(ナラティヴ)に寄与するものに見えるかもしれない。しかし、こうした偶発事件が発生する国家システムの性質は、戦争勃発という不運な可能性の高低を左右したのであろうか。

この問題を検討するにあたっては、多少の繊細さが要求される。デイヴィッド・レイクはその鋭く修正主義的な批評(クリティーク)において、国際関係論の学術的通説とは対照的に、国際システムは純粋な無秩序からほど遠く、権威構造の欠如からもほど遠いと論じている。それどころか、レイクは、いくつかの国家の他国に対する階層的権威（階層性（ヒエラルキー）における支配側と従属側によって相互に容認された、合法的で正当な統治）が、戦争を含む、近代における国家の行動と相互作用について、多くを理解する手がかりを提供していると断言する。(10) 諸国家間、統治する者とされる者の間には、安全と経済に関して、相関的、自律的、また非対称の権力の契約ないし取引が存在する。それゆえに、支配国Aは従属国Bに有益な政治秩序（人々や資産、領土などの保護）を提供し、その代わりにB国から自国の命令の応諾義務および統治する権利を獲得する。従属国BはA国に正統性と服従、統治する権利を提供し（またA国も当然ながら国際秩序から恩恵を受ける）、その代わりに秩序を獲得する（人と財産などの保護が実効的に維持される）。したがって両国は、この関係がないよりもあった方がよく、相互に恩恵があると考える。

　われわれの近代戦争理解にとって、国家関係のこうした分析は何を意味するのであろうか。もしかすると、この分析は、なぜ一部の国家が実際に参戦するのかを説明するかもしれない（支配国Aは、従属国Bを支援するために、B国の保護者および庇護者として、紛争においてB国に助太刀するために参戦する。従属国Bは、支配国に加勢するために紛争に関わり、必然的に戦争にも参加する）。そういうわけで、二〇世紀半ば以降、米国は多くの従属国に対する階層性を享受しており、従属国それぞれの戦争との関係に大きな影響を及ぼしている。しかし、このパラダイムは、なぜ国家が参戦したり軍事介入したり**しない**のかを説明するのにも役立つ。なぜなら、これらの相互に恩恵のある、内部では平和な階層性は、対照的にこうした軍事衝突をしばしば自己破壊的なものにするからである。レイクの理論は、完全に偶発的な無秩序に関する非歴史的な想定を避けつつ、単純な強制の想定よりも巧妙なコントロールと国家関係の仕組みの存在を主張する。

帝国とその遺産

階層性は、帝国の毒を薄めた形態のように見えるかもしれない。近代戦争が発生するはるか以前から――少なくとも、ペロポネソス戦争でスパルタがアテネ帝国［アテネを盟主とするデロス同盟］に挑戦した紀元前五世紀の闘争ほどに昔から――、帝国と暴力的紛争の発生との関係を解明するのは困難であった。戦争は、帝国を樹立し、拡大し、防衛し、打倒し、また他者が帝国を保有するのを妨害するために戦われる。こうしたプロセスは、積極的に領土を拡張しようとするイデオロギー（共産主義、ファシズム）によって煽(あお)られるかもしれないし、実際の動機や原因とは部分的にしか一致しない、心地よい自己正当化で包み込まれるかもしれない。しばしば帝国は、一種の宗教的信仰であれ、経済的利益であれ、文明であれ、進歩であれ、民主主義であれ、人権であれ、被支配者に恩恵をもたらすという、正統性があると考えられる根拠に基づいて正当化されるのである。ここでの正当化の論拠とその根底にある理由との関係は、たいてい整然としたものではなく、乱雑である。また、戦争に関する多様かつ競合する物語は、帝国の擁護者とその統治権(インペリウム)のもとの被支配者がそれぞれ演壇(ポディウム)に立つ時ほどに鮮明に相反することは滅多にないであろう。

　説得力のある一例を挙げるなら、イギリス帝国は、交易と戦争が交錯するなかで登場し、拡大した。その交易活動を保護するために、イギリス帝国は競争相手から交易活動を防衛する必要があったのである。戦争だけでは、帝国を維持することができなかった。帝国維持には、コラボレーション［支配者への協力］と、黙従のための多くの複雑な動機が必要であった。しかし、戦争は帝国的権力を生み出し、防衛するのに役立った。同様に、すでに示唆したように、またバーバラ・ウォルターによって熱心に論じられているように、帝国の統治者が臣民に権力を委譲するのではなく、臣民と戦うことを決めるうえで、説得力のあるロジックが存在するのかもしれない。なぜなら、ある挑戦者に対抗する意欲を示すことは、帝国の一体性が崩壊するのを防ぐために必要な宣言と見なされるかもしれないからである。これは一八九九〜一九〇二年のボーア人に対するイギリスの対応［ボーア戦争］、また一九一六〜二二年の革命期アイルランドにおいて（また、第一次世界大戦の開始時に、四億人を優に超える人々がイギリスの統治下にあったという文脈において）、おそらく明白であった。帝国間の競争は戦争に向かう決定的な誘因となる可能性があったし（一八五〇年代のクリミアのように）、解放戦争はこのパターンの別の要素を象徴している（一九四六〜四八年のパレスチナ、一九四七〜五三年および一九六四〜七五年のインドシナ、一九五三〜五八年のケニア、一九五五〜六二年のアルジェリア、一九五九〜六〇年のキプロス、一九六三〜六七年のアデンなど）。その一方で、帝国が実際に崩壊すると、脱イギリス統治後のインド＝パキスタン紛争の事例のように、ポスト帝国の戦争を導くこともある。

インドとパキスタンは、一九四七年の分割以来、三度にわたって戦っている。その最初の機会である第一次印パ戦争は、そもそもイスラム教徒が大多数を占めるカシミール地方が、パキスタンではなくインドに加わったことが契機となった。インドはカシミールの民族自決に徹底的に反対し、カシミール問題は依然として両大国間に横たわる厄介な問題である。一九四七〜四八年の戦争後に休戦ラインが引かれ、それは第二次印パ戦争（一九六五年）後にわずかに修正されたものの、第三次印パ戦争（一九七一年）まで維持された――この一九七一年時点で、別の境界線が確立された［第三次印パ戦争の停戦ラインが一九七二年のシムラ協定で管理ラインとして再定義され、事実上の国境になった］。したがって、カシミールでのポスト帝国の国境をめぐる紛争は、国家の一体性をめぐるポリティクスと、競合する宗教によって屈折したナショナリズムの力を孕んでいた。そして、この問題はその後も尾を引いている。一九八九年にカシミールで分離主義者の蜂起が始まった。インドは、この暴力と、その背景にあるとされた、パキスタンによる分離主義者への支援に対して猛烈に怒った。一方、パキスタンは、イスラム教徒に対してインド軍が行ったとされる人権侵害について激怒した。

私は、帝国的衝動がそれだけで戦争の発生を説明すると主張しているわけではない。また、帝国の漠然とした経済的およびその他の恩恵が、戦争の骨折りと費用に見合うほどに、帝国的利益をとにかく大きなものにしていると主張しているわけでもない。しかし、帝国のダイナミクスと遺産は――たとえ、その他の大きな要素と絡まり合っているにせよ――多くの戦争の始まりを説明するのに役立つのである。

宗教と戦争

カシミールの事例では、戦争発生の背景にあるもうひとつの大きな潜在的要因、すなわち宗教の要因も際立っている。リチャード・ドーキンスは、レノン主義者［ビートルズのジョン・レノンに由来する、世俗的な平和主義の信奉者］よろしく、宗教がなければ多くの戦争――十字軍、インド分割、イスラエル＝パレスチナ、旧ユーゴスラヴィア、イラクなど――が起きなかったかもしれないと示唆している。[11] 戦争を正当化ないし合法化するための宗教的議論の利用、また歴史に積極的に介入する神が戦争において自軍に味方するという考えは、たしかに近代まで長く存続したし、聖戦にはさまざまな宗教と宗派の特色がある。一九二〇年代のアイルランド内戦は、アイルランド共和派の大義がキリスト教への献身と深く絡み合っているという、多くの人々が固く抱える信念を反映していた。たとえば、アイルランド共和軍（ＩＲＡ）の参謀長［フランク・アイケン］は、一九二三年、「アイルランド共和国のために神に命と苦しみを捧げる」アイルランド共和軍義勇兵の高潔さについて明確に述べた。[12]

しかし、こうした証拠は、ドーキンスの議論が正しく、宗教それ自体が戦争の根本的原因であることを必然的に示唆しているのであろうか。これに対するひとつの反論は、宗教以外の大きな人的要因が戦争の根本的原因ではないのと同様に、宗教も戦争の根本的原因ではなく、人間の諸制度とイデオロギーには、いずれも暴力的な紛争の媒体になったり、紛争を合法化したりする力があるというものである。教会や宗教的指導者、宗教的議論を用いる政治家は、暴力的な目的のためにイデオロギーを利用するという点で、他の者（世俗的政党の指導者や、民主主義や人権、正義、自由に関する議論を利用する世俗の人々）よりも罪深いと果たして言えるであろうか。そのうえ、戦争の反対者自身が、しばしば宗教の教えや伝統、信念を利用していることも強調しておかなければならない。

私には、より婉曲的な反論のひとつにさらに説得力があるように思われる。それは、「宗教」を取り除けば、ドーキンスが期待するような平和に資する効果が得られると示唆するかたちで、人間社会のその他の要素から主要な宗教を機械的に分離することは困難だと指摘するものである。永続性のある宗教に関する真剣な理解は、これらの宗教は必然的に、神学的な力であると同時に、社会的かつ政治的な力でもあるという認識に基づかなければならない。それどころか、広範な社会における権力とアイデンティティ、経済、権威と密接かつ重要なかたちで結びついていない主要宗教という考えは、宗教を理解しない者だけが同意できるものである。宗教的信念が一部の紛争の勃発を刺激すること、また紛争が勃発したあとでその紛争に何らかの定義を与えることはありえるし、こうした主張には重要性がある（ただし、競合する勢力同士が正反対の大義を正当化するために、しばしばまったく同じ原典と史料を利用すると、ここで指摘しておくことが重要である。これは宗教的原因とされるものの機械的過ぎる解釈に対する警告となるはずである）。

世俗的・経済的な誘因

宗教的大義は、神聖な超絶性と合わせて、世俗の要素よりも熱烈な献身、高揚、賛美を可能にし、したがって好戦的になる可能性を高める、と主張する者がいる。私はそうだとは思わない（たとえば宗教と、ナショナリズムのように人々を極度に高揚させる疑似宗教を比較する場合には）。宗教的信念は、その他の（世俗的）衝動と絡まり合って、戦争を支持する議論に強力に寄与する可能性があるが、その他の衝動なしには、宗教の原因はまったく不十分であるように私には思われる。アラン・ウォルフによれば、「政治的宗教には常に二面性がある。敬虔と純粋さに固執しているのと同じぐらい、国民的連帯や反植民地の抵抗という世俗的な目的のための力でもある[13]」。

このような世俗的な目的は、しばしば経済の領域に属するものであり、参戦に向かう経済的衝動

――集団の次元で、また個人の次元で――は往々にして非常に強力なものである。決して「持てる者」から奪うために「持たざる者」が参戦するというような単純なものではないが、経済的優位を追求する国家、また直接の経済的利益を求める個人は、いくぶんかはこうした理由から戦争に引き寄せられている。近代戦争に参加した者の一部にとっては、経済的、物質的恩恵への願望が明らかに非常に重要であり、決定的な動機ですらある。実に、戦争は時として、他の状況であれば、よりはっきりと利己的な犯罪と見なされるようなことを合法的に行う機会を人々にもたらしている。

重層的な複数の原因

本章のここまでの議論は、近代戦争の影響が軍事史そのものを超えてどこまで及ぶか、また戦争の原因と関連づけて考察される際に、主要な社会的および政治的な諸力がいかに深く絡み合っているかを反映している。何が近代戦争の発生を引き起こすのか。単一のパターンではなく、以下に挙げる、五つの主要な要素を考察した。第一に、共同体と闘争、権力の国民主義的なポリティクスが、開戦に向かう機運（モメンタム）、能力、正当化を提供してきた。第二に、主権国家の地位の追求とさまざまな脅威からの防衛が合わさって多くの紛争を引き起こしてきたし、組織化された国家間の関係が時に各国を近代戦争に向けて突き動かし、また秩序ある国家の衰退が流血を生じる一助となってきた。第三に、帝国間の競争に加えて、帝国の樹立と拡大、防衛も、紛争を助長してきた。第四に、宗教的傾倒が戦争に寄与する確信をもたらし、また説得力ある戦争正当化の論拠も提供してきた。第五に、経済的要請が、さまざまな次元で紛争を引き起こしてきた。

このほとんどにおいて、戦争を説明する際に、当事者たちによって提起された、表向きの大げさな理由は、因果関係の現実と部分的にしか一致していないように見える。これは、詳細な歴史的事例において、重層的な複数の原因がいかに作用したかを考察すれば明らかである。

3　第一次世界大戦の事例

開戦にいたる経緯

それでは、第一次世界大戦の勃発は、ここまで述べてきたような問題をどのようなかたちで示したのであろうか。一九一四年六月二八日に、ボスニア系セルビア人の若者、ガヴリロ・プリンツィプが、サラエヴォ訪問中のフランツ・フェルディナント大公（ハプスブルク家のオーストリア＝ハンガリー皇位継承者）とその妻ゾフィーを殺害した時、すでに複雑な因果の枠組み（causal framework）の共鳴を耳にすることができたであろう。プリンツィプはムラダ・ボスナ（青年ボスニア）の一員だったが、これは宗教的境界（イスラム教、カトリック、東方正教会）を横断し、むしろオーストリアによる統治への反対と汎ユーゴスラヴィア統一の願望によって結束する、国民主義的テロリスト集団であった。その背後では、（庇護者ロシアの後押しを受ける）セルビアが、ボスニア＝ヘルツェゴヴィナにおける、こうした国民主義的、暴力主義的な反ハプスブルク集団を支援していた。オーストリア＝ハンガリーの側では、自らの帝国をセルビア人が浸食するのを許すつもりはなかった。なぜなら、もしいますぐにこうした動向の芽を摘まなければもっと悪い状況に陥り、スラヴ人が処罰を免れることを許してしまえば帝国の崩壊が起こるであろうからである。

　このように、国民主義的な傾倒と帝国への敵意、諸国家間で結ばれた便宜的な国際同盟、また反乱の暴力を早めに阻むという願望が、この決して必然的ではない物語にすでに現れている（たびたびそうであるように、テロリストの暴力そのものではなく、テロリズムに対する国家の反応が歴史を非常に決定的に変化させるという物語である）。

　サラエヴォでの暗殺ののち、ドイツはテロリスト支援をめぐってセルビアに対して非常に厳しい姿勢を取るようオーストリアを支持し、一九一四年七月、オーストリアはセルビアに過酷な最後通牒を突きつけた。セルビアがこの最後通牒を拒絶すると、オーストリアは七月二八日に宣戦布告した。その後は、国家の軍事機構と軍事的責務が引き継いだ。七月三〇日に、ロシア皇帝ニコライ二世が全ロシア軍を動員した（ロシアは、自国がパトロンを務める同じスラヴ系国家、セルビアを支援し、保護していた）。八月一日にはベルリンで動員令が出され、ドイツがロシアに対して宣戦布告した。ドイツ軍は八月三日にベルギー国境を越えて侵攻し、同日ドイツはフランスに宣戦布告した。イギリスは低地諸国［現在のベルギー、オランダ、ルクセンブルク］が敵の手に落ちることを望まず（自国の権力と安全、権益に対する危険で競合的な脅威を恐れていた）、ベルギーの中立を尊重する保証を求める最後通牒を発した。こうした要求が無視されると、イギリスは一九一四年八月四日に宣戦布告した。

　このように、バルカン半島における対立が破滅的な世界戦争へと拡大する際には、一連の（階層的な）国家間の関係、国家の必要と恐怖、野心の組み合わせ、また国民主義的な傾倒が、決定的な役割をそれぞれ部分的に果たしたのである。

私には、これらがどれひとつとして必然的だったとは思えない。戦前の軍拡競争は戦争の可能性を高めたかもしれないが、軍拡競争が必然的に戦争を導くわけではない。より具体的には、セルビアに対するオーストリア＝ハンガリーの七月二三日の最後通牒は、セルビアがオーストリア＝ハンガリー二重帝国に抵抗する反政府集団を黙認していると指摘し、セルビアの関与を認めることを要求するとともに、反ハプスブルクの秘密結社の解体を含む、その他一連の譲歩を求めていた。この最後通牒は、故意にセルビアが合意できないように表現されており、そうすることでオーストリア＝ハンガリーによる宣戦布告の口実を提供していた。実際には、セルビアは突きつけられた要求のほとんどに合意したが、そのすべてではなく、またセルビアに対するロシアの支持とオーストリア＝ハンガリーに対するドイツの支持が、この世界を二分する重要な敵対関係に決定的な影響を及ぼした。

こうして、局地的な炎が中欧列強（ドイツ、オーストリア＝ハンガリー）と協商国（イギリス、フランス、ロシア）の間の世界戦争へと燃え広がり、ブルガリアとトルコが中欧列強側で、またセルビアとベルギー、ポルトガル、ルーマニア、ギリシャ、そして——最終的には——イタリアと米国が協商国側で参戦することになった。

各国の参戦動機

国家の動機をさらに詳細に検討すると、われわれが論じている原因のパターンがいっそう明らかになる。ドイツ（とくに、落ち着きがなく非常に野心的なヴィルヘルム二世）は世界強国になることを望み、この覇権的地位を達成するためには戦争に訴えなければならないかもしれないと強く感じていた。ドイツ人は相対的な弱さと脆弱性を自覚しており（陸海軍の軍拡競争に敗北しつつあった）、したがって、自分たちの立場がさらに弱いものになる前に、先手を取って戦争を始めることに魅力を感じていた。もっとあとまで待つよりも、一九一四年に開戦するほうがフランスとロシアと戦うのに好都合かもしれなかったのである。ドイツ人は、オーストリア＝ハンガリーを強固に支持することにより、戦争になるリスクを冒しているということを知っていた。しかし、それは自分たちが勝つはずの戦争であった。英仏露の三国協商によって包囲され、閉じ込められたこの強国は、戦争は断固として国力を確保し、防衛し、拡張する手段であると見なしていた。

イギリスは、ドイツと競争する覇権的な野心を持ち込み、ドイツがフランスとロシアを敗北させ、その結果として相対的により大きな権力を獲得することに大きな危険を見て取った。世界強国としての堂々たる帝国的地位を求めるドイツの野心と、ロシアとフランスが敗れた場合にドイツが西ヨーロッパを支配する可能性を認識して、イギリスは世界一の富裕国としての地位を維持することをめざした。

これは、別の観点から提唱された戦争の正当化を否定するものではない。イギリスには、プロイセン的軍国主義と民主主義的自由との間の戦いは戦争そのものを正当化すると本当に信じる者がいた。そして、ベルギーをめぐる参戦の口実は、完全に空虚なものだったわけではない。たしかに、ドイツとイギリスはどちらもベルギーの中立を保証する一八三九年の条約［イギリス、オーストリア、プロイセン、ロシア、フランスの五国同盟とネーデルラント連合王国の間で結ばれたロンドン条約］の調印国であった。また一方で、イギリス政府にとって都合がよい場合には、小国の権利と自由に関するイギリスの懸念は幻想のようなものにすぎない、というアイルランド民族主義者の抗議は正当であったというのも事実である。ドイツが一九一四年にベルギーを侵略した時には、その残虐行為はたしかにプロパガンダ効果のために時として誇張されたけれども、これは残虐行為の慣習を誇張するものであって、その行為自体は確固として事実に根ざしていた。ドイツ軍は実際にベルギーの多くの民間人に対して残虐に振る舞い、ベルギー国内を進軍する際に五〇〇〇人以上を殺害し、その途上で村や町を破壊した。

しかし、イギリスはベルギーの中立を守ると真剣に主張していたが、イギリスの主目的は、ドイツの勢力拡大と競争を防ぎ、イギリス帝国の長期的な安全を確保することであった。そのうえ、アヴナー・オファが指摘するように、イギリスの経済活動の大半が海外での帝国的な形態をとったという事実ゆえに強力な海軍が必要となり、したがってこの海軍力という点におけるドイツとの競争に対する恐怖が顕著になった。それゆえ、これはドイツの勢力拡大に対抗するイギリスの軍事行動の可能性を高めたのであった[14]。この意味では、帝国［という要素］はたしかにイギリスが一九一四年に参戦するよう間接的に導くことになった。

フランスの参戦動機はおおむね防勢的なもので、ドイツの本物の脅威と宿敵ドイツからの防衛を目的としていた。フランスは、ロシアがドイツとの戦争で敗北するのを許すわけにはいかなかった。それはドイツのヨーロッパにおける覇権を助長することになるからである。いずれにせよフランスは、ロシアがドイツと戦争する場合にはロシアを支援するよう条約で規定されていたし、同国の優先事項はドイツによるヨーロッパ支配を確実に妨げることであった。また、付加的な恩恵（たとえば普仏戦争で失ったアルザスとロレーヌの奪還）がこの参戦への衝動を補強していた。

ロシアは一九一四年の時点でおよそ一億六四〇〇万人の人口を擁する巨大な帝国であり、それにともなって国際関係における威信を維持する必要があった。ロシアは、セルビアがオーストリア＝ハンガリーによって屈辱的に叩き潰されるままに見捨てることなどできなかった。もしセルビアを見捨てたとすれば、（ロシア人が強い愛着を感じ、保護者として振る舞っていた）スラヴ人の大義を放棄することになったであろう。それゆえに、ロシアが同じスラヴ人の権益を守るために、また同盟国フランスを守るために戦っているという主張は、完全に誤りというわけではなかった。

オーストリア＝ハンガリーは、参戦にあたって、その歴史的な帝国を崩壊（旧敵であるロシアが望む崩壊）から守っているのだと正当に主張することができた。もしバルカン半島のナショナリズムと汎スラヴ主義について手をこまぬいていれば、その後に帝国の解体が起きるかもしれないという不安はもっともなものであった。

たしかに、戦争のダイナミクスが速度を増して進むにつれて、もともとの動機が圧倒され、修正された。また、ほとんどの人は、実際に出現した、多くの流血をともなう戦争よりも、短期の戦争を予想していた。しかし、ここには、戦争の歴史的発生パターンの複雑多岐な共鳴を示す、ひとつの複雑な歴史状況がある。極度に国民主義的な諸国家や対抗関係にある諸帝国の競争のなかで、各国は経済的・主権的な権益と権利を守り、競争相手の勢力拡大を阻止することを望み、戦争に突き進んだのである。

4 戦争の多様性と人の性(さが)

このすべてのなかで、のちの戦争でもそうであったように、個人の偶発的な役割が重要だったかもしれない。第二次世界大戦に向かう流れは、アドルフ・ヒトラーが果たした役割がなければ、まったく異なっていたであろう(もしかすると戦争が起こらなかったかもしれない)。しかし、ヒトラーほどには世界支配を望んでいない人物も、偶然に左右される個人の重要な役割、個人に特有のもの、したがって一筋縄でいかない、乱雑な、予想外に複雑なものを反映していた。イギリスは「ケツで考える国だ」というムッソリーニの一九三七年の主張(サイモン・ボールが引用している[15])は、重要な指導者が時に戦争に関する問題を見ることのある、個人的な視角を適切に例示している。それはまさに、彼の気まぐれな無定見と英雄的なものを追求しようとする哀れな傾向が、この時期の敵対的行動のパターンをさらに複雑にしたのと同様であった。

ここ数十年には、国家間戦争から離れてゆく傾向がある。カリヴァスが指摘しているように、一九八九〜二〇〇四年に起きた一一八の武力紛争のうち、国家間のものは七つだけである[16]。また(ジェレミー・ワインスタインが記録しているように[17])、一九九〇年代には、戦争における死者の九〇パーセント以上は、国家間戦争ではなく、内戦によるものであった。しかし、それにもかかわらず、一九一四年の事例について論じてきた広範なパターンは依然として妥当である、と私は考える。一九九一年の湾岸戦争では、世界のなかで経済的に重要な地域において、国民主権の侵害(一九九〇年八月のサダム・フセインによるクウェート侵攻）をめぐって、敵対的国家（フセインのイラク）の勢力拡大を止めること、またその過程で石油を豊富に抱える同盟国（サウジアラビア）を保護することが必要であると、準帝国的国家（米国）が決断したのである。

このすべてを通じて、人の性（さが）（human nature）という（いまや再び流行している）考えは、解釈の助けとなるのであろうか。率直に言って、人間の性質に、戦争を引き起こし、戦争の原因を説明する何かがあるのであろうか。邪悪さだけでは説明できない。なぜなら、邪悪に傾く人間の広範な本能ないし人間の内在的な善良さという観念と、暴力に関して、時間と場所によってきわめて多様な個人と集団の行動とを調和させることは困難だからである。厳密に言えば、もし人の性が柔軟性に富んでいて、戦争に関するわれわれの反応と決断において多くの差異を許すとすれば、その結果として人の性がもつ説明力は弱まるように思われる。

たとえば、ナチスの戦時の残虐行為を邪悪と分類しないのは、やはり困難なことである。しかし、何かを「邪悪」と描写することで、多くの普通の人々がこうした異常なほどに恐ろしいことをした理由をより深く理解し、説明するのに役立つのであろうか。アラン・ウォルフによる「政治的」な邪悪の強調がここでは重要だ、と私は考える。ウォルフは「政治的な邪悪」を「実現可能な目標を達成するための戦略的努力において、運動や国家の指導者によって罪のない人々に課される、恣意的で悪意のある、謂（い）われのない死と破壊、苦痛」と定義し、現代の四種類の政治的な邪悪をこう指摘する。「テロリズム、民族浄化、集団虐殺、邪悪と戦うための拷問のような手段への依存[18]」。これら四つの邪悪はすべて近代戦争に関連していると考えられ、ウォルフの議論は緻密で的確であり、思慮に富んでいる。彼は、(人の性について)われわれが「道徳的なリアリズム」を必要としていると主張する。非現実的な目標にはほとんど価値がないが、国家政策——たとえば、外国との交際について——は道徳的次元を必要とする。この見方によれば、他の分野の試みと同様に、戦争においても、道徳と実際の組み合わせ、誠実なリアリズムが、人間のポリティクスの邪悪な要素に対応する際に必要なのである。[19]

5 人々が戦う理由

「じゃ、あなたはなんのために戦争にでるんです?」ピエールがきいた。
「何のため。僕も知らない、そうしなきゃならないからさ。が、その他に、僕が戦争にでるのは……」と彼はちょっと間をおいて、「僕が出るわけは、いまここで僕の送っている生活が——この生活が僕の性分に合わないからだ」

(レオ・トルストイ『戦争と平和』第一巻、一八六五年[20])

なぜ人は戦うのか?

一八二八年に生まれ、一八六〇年代に『戦争と平和』を執筆し、第一次世界大戦が二〇世紀の破滅的な戦争の始まりを告げる前に死んだトルストイ——彼自身も兵士であった——は、この一節で戦闘員の個人的動機の漠然とした複雑さを捉えている。自国兵士の戦時の動機が、参戦について国家によって与えられる表向きの理由とうまく合致していると主張することは、国家にとっての慰めとなるかもしれない。しかし、国家が戦争を戦う理由は、その国の兵士がこうした残酷な戦争に実際に従事する、適切な説明の一部しか象徴していないというのが、何度もくり返される歴史的な現実である。これは、個人にとって戦争への参加が自然で、正当で、適切で、必要で、不可避ですらあるように思わせることにより、個人の参加を促し、また維持するうえでイデオロギーと制度がしばしばもつ有効性を否定するわけではない。この点については、すでにナショナリズムの役割を見てきた。またたしかに、言説と制度の連続性が、しばしば戦争がくり返し発生するのに寄与している。しかし、なぜ国家が戦争するのかと、なぜ兵士が実際に戦争に参加するのかを説明することは、二つの異なる（ただし部分的には重複する）現象を説明することなのである。

人々が戦うことの説明には、合理的なもの、本能的なもの、強制的なもの、習慣的なものを含む、一連の重層的なプロセスと決断、衝動が含まれているということがわかる。これらのすべてが、われわれの血に塗（まみ）れた現象にさまざまに寄与しているのである。実に、人々は戦いに向かい、その後も戦い続けるいくつもの理由と動機をもっているのかもしれない。ここで、そうした理由と動機を表向きのもの、個人的な手段としてのもの、感情的なものに分解するのは有益であろう。

重層的な動機

表向きの説明には、国民の自由の防衛であれ、その他のイデオロギー的な目的の追求であれ、特定の共同体に対する不法を正すことであれ、当の戦争を開始するために与えられる理由が含まれる。国家や国民、共同体による戦時の暴力の正当化について懐疑的であるとしても、たとえばナショナリズムや、国民の権利と自由への忠誠が、現実に時として人々が戦い、死ぬよう動機づけるうえで実際に役割を果たしたことは間違いない。私自身は、イデオロギー的な動機は、戦時の演説とプロパガンダ、または戦後の記念がしばしば暗示するほどには深く浸透してはいないであろうと思っている。しかし、兵士たちが時にイデオロギーに動機づけられることはあるし、人々は時に自分の信念のために戦うことも実際にある。イギリスの大衆の反応は複雑であったが、第一次世界大戦の開始時にはイギリスでは当初情熱が溢（あふ）れていた。一九一四年の終わりまでに一〇〇万人以上が軍に入隊したし、翌年の九月には二二〇万人以上が入隊していた。このくらいの規模になると、友人が入隊したというだけの理由から情熱が生じていたという議論は一種の堂々めぐりになる危険がある。証拠に基づけば、広範な国民主義的な傾倒と、国民を守るという強い願望が、個人の入隊を動機づけるうえで影響したと結論づけることは避けられないように思われる。

　このことは、個人的な手段としての、動機のもうひとつの層（レイヤー）によってもたらされる同時並行的な魅力を排除するわけではない。人々の軍隊への参加と入隊後の好戦的な活動は、仕事やお金の必要や欲求、さまざまな種類の出世の機会、専門職そのものの魅力、また名声や社会的ないし性的な利益の可能性、さらに戦時における物資の直接の獲得によっても促された可能性がある。経済的な必要と社会財（ソーシャル・グッズ）は、自国民を守るために戦うのと同じぐらい重要であったかもしれない（エイドリアン・グレゴリーが指摘するように、「経済的困窮は、常にイギリス陸軍最高の新兵募集エージェントだった[21]」）。同様に、必要性の別の形態も影響する可能性がある。もし人々が徴兵され、軍服を着て戦うことを強制されるなら、戦うかどうかという選択の余地など、ほとんどなくなってしまうかもしれない。歴史的にも、近代には多くの場合にそうであった。一九一六年一月のイギリス兵役法（Military Service Act）は、一八〜四一歳の単身男性全員を徴兵した。こうした状況では、戦わないことのコストがその恩恵に勝るように思われるかもしれない。このように、給与と虚栄、欲望、やむを得ない服従というありふれた問題が関わっている。

感情も、やはり他のかたちで影響を及ぼすことになる。手段としての理由と本能的な理由を分離するのは難しいが、人々が戦うことを決断するうえで、興奮と冒険、個人的な忠誠がしばしば重要に見えるということを強調しておくのは有益である。現在では、小集団における愛着と連帯、相互の忠誠という親密な関係性が、兵士が実際に戦う（そして戦い続ける）よう動機づけるうえで、少なくとも国民主義的なイデオロギーのような、より大きな枠組みの要素と同じくらい大きな役割を果たしていると確信させる、強固な学術的根拠がある。第一次世界大戦の「朋友（パル）」大隊［同郷人や同業者と共に軍務に服すことができることを売りにした募兵キャンペーンにより各地で創設された大隊。一九一六年のソンムの戦いに投入されて大きな損害を被った］がたびたび胸を刺すような事例を提供しているし、また——すでに示唆したように——人々を戦わせ、死ぬよう突き動かすのは、しばしば創造の共同体というよりも実際の共同体である。ここでは友人や地元の共同体、地元の忠誠心が決定的な要素かもしれないし、名誉と誇り、また栄光と友愛、連帯の願望、大切なものを守るという熱意、そしていったん戦争が始まれば、敵に対する報復的な、敵意に満ちた反撃もそうである。この点では、偶発的な関係性が重要である。敵の行動の認識や敵の過去の行動が交互に反応を生じ、その際に人々の戦時の行為を規定し、突き動かすからである。戦争は、いったん始まると、自律的な原動力をもつ可能性がある。ポール・プレストンが見事に示しているように、一九三六～三九年のスペイン内戦の際には、内戦以前からの対立だけでなく、内戦中に実行された敵の行動に報復するという願望も、戦闘員が実際に戦うよう刺激する機能を果たした[22]。

銃砲が射撃を始めたあとでさえ、戦いへの画一的な傾倒を想定するのはナイーヴであろう。一部の人々が戦いに反対する一方で、静かに戦争を受け入れ、最低限の義務を果たし、日和見主義で、戦争機構（ウォー・マシーン）のために精力的に働いたりしない者もいた。また、本気で戦争に従事する者についても、個人的な次元でさえ、重層的かつ複数の同時並行的な動機が存在する可能性がある――戦争に関わっていない者が、何か重要なことを経験し損なっているという感覚をもつほどに。フィリップ・ロスの小説『ネメシス』は、第二次世界大戦に関して、また兵役不適格者のバッキー・カントーに関してこう描写している。「彼を除いて皆が戦争に行ってしまったかのように思うことが何度もあった。戦いに行かずに済んだこと、殺戮（さつりく）から逃れたこと――他の人であれば天からの恵みと見なしたかもしれないすべてのことを、彼は苦悩の種だと考えていた。彼は祖父によって恐れを知らない闘士として育てられ、正義を守る用意のある非常に責任感の強い人物でなければならないと考えるよう教え込まれたというのに、世紀の闘争、善と悪の世界規模の戦いに直面して、何の役割も果たすことはできなかった[23]」。

人々の献身の理由は、常に文脈に特有のものである。なぜ人々はベトナム戦争で実際に戦ったのであろうか。欧米の関心の多くは米軍に集中しているが、民族解放戦線（NLF）／ベトコン（V

C）への入隊と戦いの動機も同様に啓発的なもので、また地域的差違をどう解釈するかに懸かっている。人々は共産主義へのイデオロギー的な傾倒を主たる理由として入隊したようには思われない。タル・トヴィーが指摘しているように、入隊した農民はイデオロギー以外のさまざまな理由によって、より強く動機づけられていたようである。たとえば、（家族を追ってNLF／VCに参加するという）家族の忠誠心の組み合わせ、自身の経済状況と生活水準を改善するという願望、（フランスや南ベトナム政府、米国による）以前の暴力に対する報復の追求、ベトナム統一のナショナリズムの魅力、また冒険という単純な魅力などである。[24] 共産主義者はこうした目的への最善の道筋と考えられるものを提供したが、このことはイデオロギーの衝動と前述のその他の衝動が重なり合い、絡み合っていたことを意味していた。しかし、米国の若者にはベトナム人と戦う理由が複数あったように、NLF／VCも自身の暴力的な活動について複雑な正当化の論拠をもっていた。

6　戦争の終結

人間の行動において、戦争の推移と期間以上に予言するのが困難なことはほとんどない。

（ジェフリー・ブレイニー『戦争の原因』第三版、一九八八年）[25]

なぜ戦争は終わるのか？

なぜ近代戦争が始まるのか、またなぜ戦争が始まると人々がその戦争で戦うのかについて検討したので、次になぜ戦争が終わるのかという問題に目を向けよう。勝利そのものが、戦闘員に戦争を終わらせる最も魅惑的な理由を提供している。その勝利が、決戦とすぐれた戦術に基づくものであれ、見事なカリスマ的リーダーシップや、より確固たる備え、より強固な不屈精神に基づくものであれ、または兵士の数や技術の洗練、火力、規律、士気、経済的資源などの点での圧倒的優位に基づくものであれ。当然ながら、これらの要素は組み合わさる可能性がある。一八六一〜六五年のアメリカ南北戦争では、北部の技術的、数的、産業的優位が、最終的に南部に対する勝利をもたらした。しかし、人々の心理状態も影響した。というのも、長期にわたる悲惨な消耗戦という展望に対して、南部の意欲は北部よりも劣っていたからである。一八七〇〜七一年の普仏戦争では、プロイセンはフランスよりもはるかに迅速に動員を進め、このより迅速な動員が勝利を容易にした——ただし、プロイセンのよりすぐれた事前の訓練も勝利に貢献した。その結果として、フランスは一八七一年五月にフランクフルト講和条約の屈辱的な条件を受け入れなければならなかった。

しかし、戦争はこれよりはるかに乱雑に、また歯切れの悪いかたちで終わることがたびたびあるし、すぐれた技術は戦争の期間が決まるうえで必ずしも決定的な要素ではない。戦争の終結はきわめて曖昧であることが多く、戦争から平和への移行は決して円滑ではない。一部の前線では、他の前線で戦闘が終結したあとも戦闘が続くだけでなく、戦争が終わったあとでさえ、やはり完全な平和を達成するのは困難となるかもしれない。辛い戦争の残滓(ざんし)によって、平和が損なわれたままかもしれないからである。歴史を振り返れば、潜在的な将来の戦争の種が眠る、ある種の質の劣る、大きな欠陥のある平和がしばしば見つかる。戦後の平和が即座に完全なものとなることは滅多にない。

膠着(こうちゃく)状態によって引き起こされる、妥協としての終結がここでは重要であり、元戦闘員に何が起こるかという問題も重要である。元戦闘員を社会復帰させるという断固たる努力が行われる場所では、多少の成功（混乱し不十分なものになりがちだが）が可能である――コソヴォにおけるコソヴォ解放軍（ＫＬＡ）メンバーの事例はおそらくその一例である。しかし、当然のことだが、関係が改善することはなく、旧敵に対する態度は戦争によっても変わらないか悪化したままである傾向があり、暴力に先立って存在した敵意は戦闘終結のあとでもくすぶったままであることが多い。それゆえに、ピーター・シャーローらが示しているように、二〇世紀後半の北アイルランドにおける長年にわたる紛争が終結したあとも、競合する両共同体で暴力的集団に関わっていた者が、相手共同体出身の旧敵に対する根本的に敵対的な解釈を変えることはなかった。[26]

歴史から現れるパターン

二〇世紀後半の北アイルランド紛争よりもいっそう重大な紛争から生じるパターンについてはどうであろうか。一九一八年一一月一一日の午前一一時に第一次世界大戦が正式に終結し、その後パリ講和会議が一九一九年一月一八日に始まった。その結果、誇らしいが欠陥のあるヴェルサイユ条約が締結された。部分的には、一九一八年春の戦役を成功させ、連合国が勝利を収めた。三〜六月にかけての連合国軍の重圧が決定的であった（フランスとイギリス、米国、ポルトガル、ベルギー、イタリアすべてが関与した）。ここでは、連合国が利用できた兵力と経済力が、最終的に中欧列強を圧倒したのである。したがって、ドイツ人は自国資源の動員およびそれを用いた戦闘において、おそらくより効率的であったが、いくぶんかは敵側の資源の規模という重大だが単純な理由によって敗北した。しかし、単なる必然性というよりも、偶然性がこの過程では役割を果たしていた。無分別なドイツの挑発が米国を戦争に巻き込むことになり（米国は一九一七年四月五日に宣戦布告した）、このために利用可能になった新資源の投入は驚くほどの規模であった。一九一八年の初めまでに、フランスには一〇〇万人の米兵が存在し、さらに同年中には毎月一五万人の米兵がフランスに到着しつつあった。資源の増加だけでなく士気の高揚も非常に重要であり、ほとんど圧倒的であった。ドイツ人にとっては、長年の苦難と食糧不足、軍隊の反乱、国内のストライキが合わさって大義の説得力が失われ、一九一八年には予備兵力が尽きた。

第二次世界大戦が一九四五年八月一四日［時差のため、米国等ではこの日に日本降伏が宣言された］に終結した時、やはり圧倒的な兵力と資源という問題があり、米国とソ連の支援により、ドイツの抵抗を圧倒することができた。連合国は、枢軸国と比べて経済的にも軍事的にもはるかに大きな資源の蓄積に恵まれていた。最終的に、軍事的に屈服を余儀なくされ、経済的に荒廃し、敵によって容赦なく占領されて、ドイツは敗北した。

しかし、チャーチルのカリスマがヒトラーの失策（一九四一年のソ連侵攻の事例がその華々しい例である）によって補完されたように、リーダーシップも役割を果たした。歴史家は、個人の能力や成長、意志決定、出世の役割にいたるまで、偶然の重要性を強調する傾向がある。もし現実とは異なり、チャーチルがその特徴である大胆さと野心、感動的な雄弁、直感、洞察、絶大な献身を兼ね備えた人物ではなかったならば、第二次世界大戦でイギリスが史実どおりに勝利するどころか、存続することさえ考えにくいであろう（図5参照）。

さらに視野を広げれば、一九四四年六月六日のノルマンディー上陸には、三年間にわたる計画が凝縮されていたが、それと同様に、上陸当時に発揮された並々ならぬ勇敢さもその成功に寄与した。そして――ほとんど戦禍が及ばない、自由奔放(ボヘミアン)なイギリスのウィルトシャーで書かれた、平和主義者フランシス・パートリッジの日記に記されているように――戦争の最終段階は「ワーグナーの如き、かなり壮大な終曲(フィナーレ)をかたちにしつつあった[27]」と見なすこともできるかもしれない。ヨーロッパにおける第二次世界大戦は、ドイツの連合国に対する無条件降伏とともに、一九四五年五月八日に正式に終結した。米国とソ連、イギリス、フランスは六月五日のベルリン宣言によってドイツを正式に占領したが、残虐性がこの悪に対する勝利を台無しにした。連合国の勝利およびドイツの占領という段階におけるロシア人について、イギリス軍の司令官「モンティ」ことバーナード・モントゴメリー――彼自身は決して道徳的に潔癖というわけではなかったし、人生を「過酷な苦闘」と見なしていた――は、陰鬱な評価をあけすけに伝えていた。

図5　ウィンストン・チャーチル（1874〜1965）

彼らの振る舞いから、ロシア人はすぐれた戦闘民族であるが、実際にはヨーロッパの他地域と並ぶような文明を享受したことが一度もない野蛮なアジア人種であるということがすぐに明らかになった。彼らのあらゆる問題に対するアプローチはわれわれのものとはまったく異なり、彼らの振る舞い、とくに女性の扱いは、われわれにとって不快なものであった。[28]

ドイツの異様な粘り強さも、戦争末期に明らかになった。一九四四〜四五年のヒトラー率いるドイツの崩壊に関するイアン・カーショーの見事な著作は、このころには敗色濃厚で切迫していたのに、なぜ多くのドイツ人は忠実に戦い続けたばかりか、国内の敵対集団に対する持続的な残虐行為に加担したのかという厄介な疑問を投げかけている。[29] 一九四五年五月まで抵抗し続けたため、ドイツとその国民のぞっとするような壊滅（戦争末期には、国防軍の損失が毎月三五万人に達していた）が確実なものとなったが、このような執念深い好戦性は歴史的にも珍しい。その原因は多数あるが、ヒトラー自身が降伏や譲歩の受け入れを拒絶したこと、ナチス政権自体による凄惨な暴力が反対派に及ぼした壊滅的な影響、一部のヒトラー側近の際立った才覚（とくに、アルベルト・シュペーア［ドイツの敗戦を二年遅らせたと評される、一九四二〜四五年の軍需大臣。ただし近年では評価が改められつつある］）、またボルシェヴィズムに対する正真正銘の広範に及ぶ恐怖感などがあった。しかし、ナチス体制の「構造と心性」も原因の一部であり、それがヒトラーの独占する支配と権力、また官僚制が支える政権を最後まで持続させたのであった。

7　戦争の防止

個々の大戦争の終結に関する考察は、戦争そのものを廃止する試みや、少なくとも体系的な防止を規定する試みの問題について簡単な検討を促すかもしれない。歴史家の本能的な、くり返し補強される懐疑心のために、「戦争は将来も継続する。今世紀において、普遍的で恒久的な平和が実現する見込みはない」[30]というポール・ハーストの鋭い主張に抵抗することが困難になる。これは近代（またおそらくあらゆる時代）の重要なホッブズ的問題をある程度反映しており、この問題は以下の三つの相互に関連する命題として提示することができる。第一に、ある共同体のさまざまな派閥の人々は、自分の派閥の権益ないしそう見えるものを善や正当と主張する。第二に、彼らはある意見（自分自身の意見）が正当で、善で、真実なので、その意見が大きな共同体のなかで広く受け入れられるべきだと論じる傾向がある。第三に、現実には、われわれが目にする可能性が高いのはひとつの意見の最終的かつ決定的な勝利ではなく、むしろ多様な、競合し、衝突する権益の存続である。われわれのホッブズ的な課題は、これらの競合する権益と見解が突然血みどろの戦争に発展するのを防ぐ有効な手段を考案することである。

戦争の抑制

私自身の根本的な悲観主義にもかかわらず、私は戦争に限らず人間の凶暴性の抑制がいかに進んできたかに感銘を受けており、このプロセスや、こうした抑制を強化するために人々が行ってきた試みについて再考することは有益である。なぜ「長い歳月の間に人間の暴力は減少」してきたのか、またなぜ「今日、私たちは人類が地上に出現して以来、最も平和な時代に暮らしているかもしれない[31]」のか。これらの問いに答えようとする、スティーヴン・ピンカーの見事な野心的試みは、彼がますます平和的な行動を生じていると主張する五つの歴史的な力、「世界を平和な方向に押し進めてきた五つの展開[32]」を軸としている。すなわち、①ウェーバーが言うような領域内での武力の合法的な使用の専有を支える国家の進化、②相互に利益をもたらす通商と交易、③より攻撃的な男性的本能と距離をおく文化の女性化、④他者へのより大きな共感と同情を可能にするコスモポリタニズムの拡大、⑤われわれの関心事にいっそう理性を適用する傾向である[33]。ピンカーが指摘する暴力の減少（人口に比して）の多くは、さまざまな種類の戦争に関するものである。ありがたいことに、一九八九年以降には大規模な軍事紛争の数が少なくなっていることが明らかだが、その一方で、戦時下の民間人が以前よりも悲惨な境遇にあるという通俗的な見方はほぼ確実に誤りである。

それなら、大きく見ると、自領土を実効的に支配する国家の樹立と維持には、あるいは平和に資する価値があるように思われる。このことは、未来の課題を評価する二〇一〇年の報告書、「将来の紛争の性格」（Future Character of Conflict）で、イギリス国防省によって示唆されている。「国家の失敗が、将来の紛争の支配的かつ規定的な特徴のひとつとなるであろう。……変化しつつあるグローバルな状況に適応できない国家は崩壊する危険があり、こうした失敗の多くは、暴力の相当な発生をともなうであろう」。同様に、相互に利益をもたらす通商の拡大と、合理的、共感的、人道的にコスモポリタンなものへの文化転換の促進がきわめて重要である。ピンカーが「戦争のない年月」[34]と呼ぶものの数が増え、実効的な経済協力（と平和な競争）の体制が多くの国にとって戦争を魅力的でないものにしており、先進国では相互に利益をもたらす経済依存が戦争の魅力を大きく減らしているという事実の説明を試みる際には、これらの要素が重要となる。先進国同士は、経済的競争を戦争の原因とは見なさない傾向がある（それどころか、戦争は先進国の多くが大きな恩恵を受ける市場体制の安定を損ねることになる）。

絶望の感覚を避けようとするなら、逆説的ではあるが、潜在的に破滅的な現象――核戦争――について考えることが、ほどよく救いになるかもしれない。ウィリアム・ウォーカーによる、核兵器に関する非常に思慮に富む説明は、核戦争に関する現在の恐るべき脅威は永続的なものだが、一九四〇年代に核兵器が発明されて以来、その使用の制限という点については多くの成果があるということを指摘する。[35]核の秩序は千変万化し、時に脆く、危機を孕み、対立をまねくものである。しかし、核兵器は一九四五年以来、実戦で使用されていない。使用した場合の悲惨な結果を考えると、これは大きな偉業を意味する。世界から核兵器をなくすという目標は、本質的に非現実的なままである。しかし、ウォーカー自身が現実的な「抑制の論理」（戦争に関して、実戦での核兵器の使用に関して、また人々の核兵器能力の獲得に関して）と呼ぶものが、これまでのところ災厄を避ける確かな基礎を提供している。もちろん、部分的には、大国間での戦争そのものを避けることに比較的成功していることと関係している。この戦争回避の一部は、明らかに、核保有国間の戦争が実際に起こった場合の、核戦争の想像を絶する殲滅の恐怖に基づいているように思われる。核の多極性というポスト冷戦期において、現在の新しい課題に対処する必要がある。しかし、（おそらく誇張された）非国家テロリストによる核の暴力の恐れにもかかわらず、核をめぐる敵対と脅威にとっての国家の重要性――また国家間、大国間の関係の変化するダイナミクス――は、おそらく決定的であり続けるであろう。

現在でさえ、いくつかの印象的な貢献はあるが、平和に関する研究は、戦争に関する研究よりも非常に少ない。しかし、二つの現象――戦争と平和――は、歴史的実際としては時に区別が曖昧であり、両者の相互関係は近代戦争に関するわれわれの理解にとって重要である。表向きには平和を愛する国民でさえ、非常に好戦的な歴史をもつ可能性がある。米国では、建国以来の年月の半分以上にわたって軍が軍事作戦に従事している。また、戦争の根絶を追求することは、人間や道徳の理想を追求するのと同じぐらいナイーヴなことであろう。特定の戦争や戦時の蛮行の実効的な削減は、むしろ暴力的な残虐行為を正当化し実行するという、ぞっとするような能力（また可能性にとどまらず、歴史的にそうした傾向があること）を認めることに懸かっているのはほぼ間違いない。

理想と現実

なぜなら、理想化された青写真にあまりに詳細に導かれる方針に沿って人間の行動を確立するという展望は、おそらく人間の改善能力を過大評価しているからである。アマルティア・センは、エドマンド・バーク［「保守主義の父」と呼ばれるイギリスの政治思想家］を範として、実現重視の比較（realization-focused comparison）と先験的制度尊重主義（transcendental institutionalism）を区別するが、この区別はそうした問題［＝過大評価］を乗り越える一つの方向性を示している。ここでのセンの二分法は、以下のように区別する。ひとつは言語道断な不公正を取り除いたり防いだりすることに集中する、人々の実際の行動と影響への関心であり、もうひとつは完全なる正義の特定およびそうした完全性に相応しい制度の創造に基づくアプローチである。前者は、おそらくより達成可能なかたちで、状況を（われわれの非常に欠陥のある文脈において）相対的に悲惨ではないものにすることを可能にする。後者には、傲慢、逆効果の野心、またしばしば、時間の無駄につながる、公正とされる制度をめぐる政治工作に堕する危険がある。(36)

　歴史家は、厄介なほどに破壊的な人間の行動が、最も合理的かつ寛大に企図された制度と秩序に実際にどこまで従うかについて、懐疑的になりがちである。この懐疑心によって、青写真に導かれた取り決めに基づいて完璧なものをめざす努力よりも、むしろ――センの議論のように――不十分だが実行可能な改善をめざすよう促されることになる。これらの懐疑的な学者は、一九二〇～四六年の国際連盟の時代および国際連盟がまったく機能しなかったこと、あるいは捕虜の保護を規定した一九四九年のジュネーヴ諸条約がたびたび履行されなかったことに殊更目を向けるであろう。

　しかし、国際連合は一九四五年以降に戦争を防ぐことができていないとはいえ、この組織が危機における集団的な討議と行動の基盤を多少は提供しており、時に国家が戦争に訴えるのを制限していることも、最も厳しい懐疑者でさえ認めるべきである。国際連合の実績は、国家間戦争や内戦の防止という点で素晴らしいとは言いがたいが、いくつかの戦争は防いできた。また、戦争の悲惨な影響から民間人を守るために――たくさんの永続的な障害にもかかわらず――多くを成し遂げている。そのうえ、過去五〇年の間に、兵器の拡散と使用を制限するために相当数の国際条約が締結されたこと、またこれらの条約が残虐性を最小化する効果を不用意に否定すべきではない。
実際には、現在、米国だけが平和の強制を現実的に試みることのできる立場にある。また、国際的に強制された平和と新帝国主義とを非常に断固として、ないし明確に区別することは必ずしも容易ではない。冷静な観察者によっていかに有益だと判断されるとしても、こうした関与を純粋に人道的ないし利他的なものと見なすのは依然として難しい。政治的実践において平和を強制する能力のある、その他の有効なアクターを見つけることも同様にいまもって困難である。

主権と領土をめぐって戦われる伝統的な戦争はおそらくいまだに存続しており、権力エリートおよび統治者個人の偶然性は、前世代の戦争で観察者が気付いていたような役割を果たしている。ここ数十年の間にも国家間の戦争が発生し続けているし、内戦に多くの関心が集まっているのはもっともなことであるが、これらの内戦はわれわれが直面し、今後も直面し続ける、唯一の暴力的紛争の大きな脅威というにはほど遠い。

しかし、今後数十年に起こるのは、より抑制された戦争であろうと感じるのも納得できる。英陸軍参謀総長のピーター・ウォール陸軍大将が二〇一二年に指摘したように[37]、二〇二〇年の陸軍に関するイギリスの計画は、三つの目的（通常兵器による介入／抑止、紛争勃発を防ぐ多国籍の取り組みにおける海外関与、また洪水などの万一の事態に対する国内の備え）を中心とするが、そのうちで伝統的な戦争に集中するものはひとつの部分だけである。戦争を根絶する試みは、未熟で非現実的なままである。個別的には、戦争の可能性を制限することの方が、はるかに妥当であり続けている。「より少ない暴力」は、「非暴力」と比べてかなり志が低いと思われるかもしれないが、複雑な原因と戦争の脅威が継続する可能性を考えれば、おそらくより現実的で価値がある。

　ハンナ・アーレントは、一九五〇年の夏に執筆した著作『全体主義の起源』で、こう主張した。「二つの世界大戦、一世代のうちに起こり、途切れのない一連の局地戦争と革命によって分離されるその大戦は、敗者のための講和条約も勝者のための休息も与えないままに、残存する二つの世界大国間の第三次世界大戦を予期させて終わった[38]」。実際には、この予想された戦争〔冷戦〕は冷たい、はるかに平和なものであることが判明した。同じ大きな論点について――ただし偉大なアーレントよりもさらに鋭い洞察力をもっていると私は思うが――アラン・ウォルフは「政治的な邪悪に直面する場合には、『邪悪』に対してよりも、『政治的』なものに対して反応した方がよい[39]」と賢明にも指摘している。政治的なものと歴史的なものに集中すること――また本当の、場所ごとの原因とダイナミクスを誠実に検討すること――が、平和に対する特定の脅威を最小化することを可能にする（かもしれない）。「邪悪が政治的な性質をもつかもしれないと認めることは、政治が邪悪に対処する最善の手段であり、今後も常にそうあり続けるであろうとわれわれに思い出させる[40]」。

第3章 経験

「やつらはおれを殺そうとしているんだ」とヨッサリアンは物静かにクレヴィンジャーにむかって言った。

「だれもおまえを殺そうとなんかしていないよ」とクレヴィンジャーが叫んだ。

「じゃ、なぜやつらはおれを撃つんだ」とヨッサリアンは反問した。

「やつらはあらゆる人間を撃つのさ」とクレヴィンジャーが答えた。「あらゆる人間を殺そうとしてるのさ」

「つまり、どこがちがうというんだね」


（ジョーゼフ・ヘラー『キャッチ＝22』一九六一年[1]）

第二次世界大戦の不条理を題材とする、ジョーゼフ・ヘラーの有名な小説の甚だしい皮肉は、小説の刊行から五〇年以上がたったいまでも、痛ましいほどに辛辣（しんらつ）なものである。戦争から、戦友から、また彼らの苦しみからお金を稼ごうとする、マイロ・マインダーバインダーの経済的日和見主義（オポチュニズム）は、利益をもたらす二一世紀の通商戦争の詳細をよく知る者にとって馴染み深いものである。「いいか、今度の戦争はぼくがはじめたわけではない……ぼくはただそれをビジネスの線に乗せようと努力しているだけだ。それになにか不都合があるか[2]」。戦争と戦士たちを包み込む多くの規則および当局者の明らかに不条理な狂気が、この小説のいたるところでくり返し喚起されている。「コーン中佐は法律家であり、そのコーン中佐が、詐欺、強制収賄、相場の操作、横領、所得税支払い忌避、闇市場投資などを合法的であると保証するからには、キャスカート大佐がそれに不同意をとなえる理由はなかった[3]」。そして「自己保護的合理化という便利なテクニック[4]」がなければ、戦争の指導者と兵士、軍隊は、近代史の大半を通じてそうしてきたように、戦争をうまく耐え忍ぶことができなかったであろう。

もちろん、問題は相変わらずそれよりずっと複雑なものであり、戦争の規模のせいであれ、混沌とした極端な性格のせいであれ、（ケイト・マクローリンが示しているように[5]）いつになっても戦争を描くのは困難である。本章では、戦争の経験の一様でない性質を、恐怖と退屈、陽気、機会という四つの項目に分けて、簡単に考察することにしたい。これは、やむを得ない単純化をともなう。なぜなら人々の戦争経験は、その人物の生い立ちと想定、また彼らが戦争を経験する文化的および歴史的な場所によって非常に大きく異なるからである。地理と社会階層、性別、年齢、職業、歴史上の時期が合わさって、近代戦争の経験には画一的な説明がありえないということを意味している。

1　戦争の恐怖

しかし、考察の始点は、近代戦争の経験の大半を占める恐怖——それどころか、心の奥底からの戦慄（せんりつ）——でなければならないし、またそれを信頼すべき実体験に基づく説明を通じて考察しなければならない。これは常に人気のある方法というわけではない。戦争に苦しむ地域を長年にわたって観察してきた専門家（ジャーナリストのピーター・ボーモント）の言葉によれば、「日常的な戦争の恐怖の実態を描くのは、いまでも野暮なことだと見なされている。しかし、戦争を理解するためには、殺したり傷つけたりする時に人々がすることに向かい合わなければならない」[6]。なぜなら、近代戦争に関する重要な真実は、凄惨で、人を苦しめ、破滅させる、ぞっとするような残虐行為だと主張しうるからである。蛮行の多くは、レイプ（インド＝パキスタン分離独立をきっかけとする戦争や、一九四四～四五年のドイツ敗北の際のように）や、戦時の拷問と超法規的な殺人（一九三〇年代のスペイン内戦の際のように）などの、戦闘外の非道もともなっている。

第一次世界大戦は、依然として、戦争に関する圧倒的な恐怖の最も悲劇的なまでに強烈な実例であろう。よく知られてはいるが、その恐るべき詳細は明示しておくべきである。ウィルフレッド・オーウェンの有名な詩「甘美で名誉なものは」(Dulce Et Decorum Est) は、化学戦には長い歴史があるということを恐ろしいかたちで思い出させてくれる（一九一四～一八年の第一次世界大戦の際には、おそらく約一〇〇万人の兵士が化学兵器によって負傷した）。「ガスだ、ガス。……彼の白い目が顔をのたうちまわり……もしあなたも、荷車がガタつくごとに、泡まみれで駄目になった肺から、血がゲフゲフと吹き出してくるのを聞くことができたら……」。[7] 一九一五年にドイツ軍によって最初に利用された毒ガスは、すぐに双方によって広く利用されるようになり、凄惨な熱傷と深刻な肺の損傷、窒息死などの結果をもたらした。第一次世界大戦を題材にしたH・G・ウェルズの小説『ブリトリング氏の洞察』は、同時代の視点から、紛うことなき「戦争の災禍」、「戦争の直接的な恐怖、「戦争という」行為の濃密で悲惨な愚かさを、明白かつ緻密に」正しく見極めていた。[8]

第一次世界大戦をめぐる経験の諸相には、それを経験した者にとって実際に耐え難いものもあった。戦争の経験は彼らの心に刻み込まれ、正常を蝕むような記憶を残し、それは悲惨な戦争そのものより長く持続した。こうした反応は、多岐にわたる考察と統計によってかなり実証されている。スチュアート・ロブソンが指摘するように、[9] 一九一五年のガリポリにおける四一万人のイギリス兵およびイギリス連邦兵のうち、二〇万五〇〇〇人が戦死者、傷病者、または交戦後の行方不明者となった［連合国はトルコを戦線離脱させるためにダーダネルス海峡を突破して首都イスタンブールを攻略することを計画したが、ガリポリ半島に上陸した部隊はトルコ軍の抵抗に苦しみ、撤退を余儀なくされた］。オーストリア陸軍は一九一五年春までに約二〇〇万人を失い、他方のロシア陸軍は一九一五年末までに約四〇〇万人を失った。一九一六年のソンムの戦いに限っても、連合国の損害はおよそ六〇万人にのぼり、その成果としては悲劇的なまでに小さな戦果しか上げられなかった。一九一六年七月一日［ソンムの戦いの初日］だけでも、九九三人のイギリス陸軍将校と一万八二七四人の兵卒がこの凄惨な戦闘で死亡した。イギリス兵の間でソンムが「大失敗（Great Fuck-Up)」と呼ばれるようになっただけのことはある。パッシェンデールの戦い（一九一七年七月三一日～一一月一二日）［第三次イープルの戦いとも呼ばれ、イープル近郊における一連の戦いのなかで最大の死傷者を出した］では、絶え間ない恐怖の四ヵ月間に、二〇万人ほどのドイツ兵が命を落とした。ニーアル・ファーガソンが思い出させてくれるように、第一次世界大戦中にイギリス陸軍に入隊した五五万七六一八人のスコットランド人のうち、二六・四パーセントが死亡した。[10] ジョン・バカン――彼自身、スコットランド人である――は、この戦争について「数年前であれば破局的だと見なされたであろう損失が、当たり前のことになった」と鋭く指摘した。[11] また、一九一七年九月のT・E・ロレンス［アラビアのロレンスとして知られる、イギリス陸軍の情報将校］の手紙がとらえているように、殺害者にとっての影響も時に顕著なものであった。

この悪夢［戦争］が終わる時には、私は目を覚まして再び生き始めることを願います。トルコ兵の殺害に次ぐ殺害は凄惨なものです。最後に突撃すると、トルコ兵の体がばらばらになってそこらじゅうに散らばり、彼らの多くはまだ生きているのを目にします。そして、以前にも自分が同じように数百人という兵士を殺したこと、できればさらに数百人を殺さなければならないということを悟るのです。[12]

第一次世界大戦全体では、この数字はもっと衝撃的なものである。軍事的関与の規模が並外れたものだっただけではなく（たとえば、一九一四～一八年には五二五万人がイギリス陸軍の軍務に服した）、どの史料と推計を利用するとしても、戦争の結果としての死傷者数は途方もなかった。マイケル・ハワードは、第一次世界大戦の死者数を以下のように記録している。中欧列強側については、オーストリア＝ハンガリーが一二〇万人、ドイツが一八〇万人、トルコが三二万人、ブルガリアが九万人。連合国については、フランスが一四〇万人、イギリス本国が七四万人、イギリス帝国が一七万人、ロシアが一七〇万人、イタリアが四六万人、米国が一一万五〇〇〇人。[13] ファーガソンは、第一次世界大戦の死傷者数について以下の推計を提示している。連合国の総死者数は五四二万一〇〇〇人、総負傷者数は七〇二万五四八七人。中欧列強の総死者数は四〇二万九〇〇〇人、総負傷者数は八三七万九四一八人。[14] 第二次世界大戦では、マックス・ヘイスティングスによれば、戦争の結果として、一九三九年九月～一九四五年八月の期間に平均二万七〇〇〇人が毎日死亡した。[15]

こうした戦争の恐るべき残虐が当然とも言える恐怖を駆り立てる可能性はあるが、多くの戦争においては、しばしば戦争の最中よりも、迫り来る戦争を待ち構える時のほうが、恐怖が鮮明に感じられたように思われる。あるイギリス海兵隊員――近代戦争に関するチャールズ・タウンゼンドの重要な編著に引用されている――は、フォークランド紛争を振り返って、「人々は、戦争の最中よりも、戦争が始まる前に怖がっていた」と指摘した。[16] 恐怖とパニックは、遺族であれ負傷者であれ、また脅迫されたり難民としての身分に耐え忍ぶよう強いられたりした者であれ、非戦闘員として戦争に苦しむ者を巻き添えにする可能性もあった。

それどころか、民間人を故意に標的とすることは、近代戦争の経験の大きな側面となっている。イギリス空軍による第二次世界大戦中のドイツ爆撃に関して、イギリス空軍爆撃機司令部のアーサー・ハリス司令官は、地域爆撃（エリア・ボミング）、すなわちドイツ諸都市への攻撃を好んだ。地域爆撃は、産業標的に命中する可能性を実質的に最大化するが、同時に民間人の夥（おびただ）しい死傷者と大衆の恐怖を引き起こすことになる。こうした恐るべき空爆で、膨大な数の人々が殺されるか、障害を負った。一九四三年七月と八月に、イギリス空軍と米陸軍航空軍はドイツ都市ハンブルクを爆撃して大破壊をもたらし、五万人以上の死者を出した。爆撃の力があまりに大きかったため、炎は火災旋風となり、人々――その多くは民間人だった――は逃れるすべもなく火災に飲み込まれ、命を落とした。マイケル・ハワード（その前年の一九四二年にイギリス陸軍に入隊していた）はいみじくも「戦争は徹頭徹尾、悪事である」と述べている。[17] ドイツのV-1ロケットとV-2ロケット――警告なしに着弾するロケット推進式の飛行爆弾――も、一九四四年以降ロンドンを標的とした（図6、図7参照）。

2　暴力の程度

しかし、こうした戦禍の恐怖の経験は非常に多様であり、戦争ごとに異なるばかりか、ひとつの戦争のなかでも異なる。なぜ恐るべき暴力は、近代戦争において戦争ごとに、またひとつの戦争のなかでこれほどに程度の差が生じるのであろうか。

この問題の部分的な解明を試みる、非常にすぐれた最近の二つの研究を検討してみよう。アイルランドのアルスターと上シレジア［現在のポーランド南西部とチェコ北東部にまたがる地域の歴史的名称］における二〇世紀初頭の民族自決をめぐる紛争に関する、ティム・ウィルソンの見事な分析は、戦

図6　ドイツのロケットによる破壊（ロンドン、1944年）

図7　連合国の爆撃による破壊（ハンブルク、1943年）

争中にさまざまな民族集団や国民的集団を互いに分断する境界の性質が重要であると指摘している。ウィルソンは、一九一八〜二二年の上シレジアにおける（同時代のアルスターと比べて）はるかに高次の、より凄惨な種類の暴力は、この原理に基づいて最もうまく説明することができると主張する。アルスターでは、宗教が共同体の分断線を規定し、しかも確固たる明白なかたちで規定していた。カトリック教徒かプロテスタント教徒かは明白で、間違えようがなかったのである。対照的に、上シレジアは宗教において圧倒的に同質で、その住民は言語（ドイツ語ないしポーランド語）というはるかに曖昧な事実によって分断されていた。宗教は、「アルスターの競合する共同体間の『ハード』な分断線として」機能した。「上シレジアの言語は、非常に異なるかたちで――国民的陣営間の『ソフト』な（つまり浸透性の）境界として」作用した。なぜなら、人々は複数の言語を話すことができ、ある言語の方言が別の言語との接触によって混成物へと変異するかもしれなかったからである。したがって言語は、アルスターにおける宗教的愛着の確固たる境界線に比べれば、異なる国民性と隔絶性の標識としてははるかに不明瞭であった。(18)

ウィルソンの議論はこうである。上シレジアはより流動的で浸透性のある不安定な言語の境界線によって分断されており、共同体の差異を確立するためには暴力が必要とされたが、アルスターのより明瞭な宗教的境界は、境界維持のために暴力をさほど必要としなかった（また用いられた暴力もそれほど激しいグロテスクなものではなかった）。アルスターでは、「ユニオニスト［イギリスとの連合(ユニオン)維持を主張］とナショナリスト［イギリスからの独立を主張］の境界がすでに非常に明白であり、分断を維持するために暴力はそれほど必要とされなかった」のである。上シレジアでは境界の創出というより野心的なプロセスがあったが、アルスターでは境界維持という限定的な課題であり、上シレジアほどには罪深くも血塗られたものにもならずにすんだ。「要するに、残虐行為が忠誠心を明らかにし」たし、「民族紛争において、すべてのアイデンティティの境界が同じように機能したわけではない」のである。[19]

暴力の程度および種類の差異に関するジェレミー・ワインスタインの議論は、ウィルソンの議論と同じぐらい見事であるが、それとは非常に異なっている。[20] 一部の反乱グループは紛争時に民間人に対して荒々しく、容赦なく、また暴力的に振る舞う一方で、民間人に対してより協調的かつ共感的に関わるグループもある。ワインスタインは、その理由は集団形成の初期の事情、またとくに集団が結集する際にこうした集団が利用することのできた多様な資産と資源から説明できると指摘する。ワインスタインによれば、物質的資源に容易にアクセスすることのできる集団は、そのメンバーとして、献身の度合いが低い日和見主義的な「消費者」——事実上、短期的な利益を得ることに熱心な人々——を引きつける傾向がある。対照的に、こうした物質的資源や経済的資源に容易にアクセスできない反乱グループは、より献身的かつ長期的な「投資者」を新メンバーとして引きつける。彼らは共同体とのより協調的な関わりに依存し、存続するために社会的資源と縁故（共通の民族性や宗教）を利用する。また、その結果として、彼らは暴力をより抑制的に、差別的に、また選択的に行使する。「消費者」はそれほど規律が取れておらず、より威圧的である。「投資者」はより協調的で、過激な暴力と利己的な略奪が生じる可能性は低い。こうした議論は、おそらく反乱者のアイデンティティを単純化しすぎており（人々は本当に「投資者」と「消費者」のいずれかにうまく分類されるのであろうか）、行動をあまりに厳密に合理性だけに結びつけている（「私は、そもそも個人が合理的であり、彼らの行動は報酬を最大化するよう企図された意図的な決断を反映していると想定している」[21]とワインスタインは述べている）、という批判を受けることになるであろう。しかし、政治的暴力に関するワインスタインの議論は、きわめて緻密な調査を背景として、的確に焦点を絞った比較に基づいている。この説得力ある議論は、修辞的（レトリカル）な自己正当化への過度の集中から離れて、戦争において（この場合には内戦において）採用されるさまざまな戦略と戦術の解釈と説明という重要な層（レイヤー）へとわれわれを導いてくれる。

ウィルソンとワインスタインの議論に納得するかどうかはともかく、両名ともに、戦争におけるより高次（ないし、より低次）の残虐な暴力を説明しようと試みる際に重要な変数が実際には何であるか、を立証するための論拠を、説得力をもって明確に示している。そのうえ、彼らはそうした論拠を示すにあたって、広範な議論と仮説を、個々の暴力的状況に関する詳細な実体験に基づく知識に照らして、有意義に検証しているのである。

3　戦争の多様な経験

実体験に基づく証拠は、まさに個人がそれぞれどのように自身の苦痛を測り、対処したかについて、ニュアンスに富む理解を提供してくれる。スコットランドのモントローズに生まれたチャールズ・ロジャー・ウォーカー［従軍牧師］は、一九一七～一九年にパレスチナのイギリス軍で軍務に服した（図8参照）。母宛の一九一八年九月の手紙のなかで、ウォーカーは自身の最近の負傷について詳しく記しているが、その筆致は冷静でバランスがとれており、敵に対する勝利を心から誇っている。

母さん、

私は二度目の負傷をしました。一九日の朝四時半に、きっともうご存じのはずの大攻勢「メギッドの戦い」に備えて、歩兵隊とともに「無人地帯（ノー・マンズ・ランド）」に展開していました。ちょうど立ち上がろうとしていた時に、右肩に土の塊が強くぶつかったような感覚がありました。血が出るのを感じなかったので、私はきっと土が当たったせいだろうと考えて、他の人と一緒に前進しました。敵の弾幕を通り抜けて最初の標的に到達し、興奮が少し収まったあとで、よくよく見たらライフル弾が私の肩に貫入していたことに気付きました。……幸運なことに、弾丸はそれほど深くまで貫入しておらず、今日の昼前に首尾よく摘出（てきしゅつ）してもらいました……もちろん、この傷は単なる擦り傷だった前回の傷よりも酷（ひど）いものですが、痛みはもうかな

図8 1917～19年にパレスチナのイギリス軍で軍務に服した、チャールズ・ロジャー・ウォーカー

り治まり、この知らせを聞いてもご心配いただくにはおよびません。……さて、今回は完全にトルコ軍の虚を衝くことができたので、たくさんの捕虜が次々と到着しています。[22]

また、もし近代戦争が恐怖を催させ、凄惨で苦痛に満ちたものだとすれば、同時に非常に退屈なものかもしれない。ジョン・バカンは、その戦争観と描写がしばしば戦争を過剰に賛美し、かなり美化していると見なされる人物だが、彼も第一次世界大戦を振り返って「戦争の恐怖のためではなく、その退屈さと無益さのために、戦争をひどく嫌うようになった」と回想している。[23] ほぼ一世紀後には、ある従軍記者（セバスチャン・ユンガー）は、「あまりに耐えがたいので、兵士たちが公然と攻撃されることを願うほどの退屈さ[24]」という点から、アフガニスタンの米兵に言及した。著名な軍事史家のマイケル・ハワード――戦争で多くの友人を失った――は、戦争がクリケットと同様に「九割の退屈と一割の恐怖」からなると陽気に指摘した。[25] クラウゼヴィッツが気付いていたように、活動しないことは実際の戦争経験の大部分を占めていた。「静止と非行動が戦時下の軍隊の平常状態で、行動は例外である[26]」。こうした現実は、第二次世界大戦のように長く続いた重大な戦争にも当てはまり、第二次世界大戦では兵士の多くは実際に銃を発射したことがなかった。大局的観点からは、近代戦争のほとんどの期間に、兵士は戦わず、また実際に敵を殺そうと試みないことを選択するということを認めなければならない。それどころか、戦争経験は非常につまらないものかもしれないのである。この点について、エリック・ホブズボームは以下のように述べている。

第二次世界大戦についての個人的な記憶〔経験〕を要約するのに一番良い方法、それは、私の人生の六年半が戦争に、六年がイギリス陸軍に取られてしまったという見方をすることである。私の戦争は「よい戦争」でも「悪い戦争」でもなく、中身のない戦争だった。重要なことは何もしていないし、するように頼まれもしなかった。人生のなかで最も不満足な数年間だった。(27)

そして、退屈さは憂鬱(ゆううつ)になるほど持続的な不快によって強化され、増幅される可能性がある。ジョージ・オーウェルは一九三〇年代のスペイン内戦の際に義勇軍に参加し、その直後に自身の経験について鮮明で飾らない説明を書き残している。この詳細な一次記録は、「戦争のかもしだす陰険な雰囲気」、「戦争特有の臭気――私の経験では排泄物とくさった食べもののにおいだった」、「どんなに穏やかな戦争でもさけられない睡眠不足」(28)、また虱(しらみ)にたかられる兵士たちに言及している。

ズボンの縫い目に沿って、虱は小さい米粒のような、きらきら輝く白い卵を生みつけ、これがかえると恐るべきスピードで自分の家族を繁殖させる。……まさしく栄光に輝く戦争だ！　戦争ではすべての兵士に虱がわく。少なくとも暖かいときには。ヴェルダンで、ワーテルローで、フロッデンで、センラックで、テルモピレーで、戦った兵士――そのひとりひとりの睾丸の上をしらみがはっていたのだ。(29)

「周囲の人々と同じように、ぼくが考えていたのは主に退屈、暑さ、寒さ、不潔さ、虱、窮乏、たまにやってくる身の危険だった」[30]――オーウェルはこう締めくくった。

しかし、近代戦争は陽気さもともなっている。ハンス＝オットー・レッシング空軍中尉のように、第二次世界大戦を戦った若者の一部にとって、戦争はきわめて刺激的なものかもしれなかった。「私は人生で最高の時を過ごしています。王様とだって代わるつもりはありません。この経験のあとでは、平時はとても退屈なものになるでしょう！[31]」実際、一部の者にとって、戦後の市民生活に順応する段になって、アドレナリンの溢れる高揚感を諦めるのは困難なことであった。

また、戦争は、戦時でなければ得がたい、または得られない一連の機会ももたらす。バジル・リデル＝ハート――第一次世界大戦の兵士で、のちにその最も重要な記録者の一人となった――は、近代戦争が「人を気高くし、他のことには引き出せないような最高の性格を引き出す」（ブライアン・ボンドのすぐれた編著、『第一次世界大戦とイギリス軍事史』に引用されている[32]）と主張した。戦争の一切の凄惨さにもかかわらず、戦争の有益な側面を忘れるべきではない。善性、相当な勇敢さ、親切、道徳、性的機会、貴重な僚友関係、騎士道的精神、英雄的資質、職業上の業績と昇進、科学的革新、単調な日常からの解放などは、すべてさまざまなかたちで明らかだし、近代戦争によって助長されてきた（もちろん、犯罪的な企てと残酷さ、暴虐の機会ももたらされる）。

第一次世界大戦に関するアーネスト・ヘミングウェイの悲劇的小説『武器よさらば』の序盤で、登場人物の一人が「戦争より始末の悪いものはありませんよ」と述べる[33]。その少しあとでは、まさにその人物が命を落とす。迫撃弾によって足の一本を完全に、またもう一方の足を部分的に、むごたらしく切断されて、彼は恐ろしい激痛に叫びながら最期を迎えるのである。この荒削りの小説の主人公と同様に、ヘミングウェイ自身も、第一次世界大戦中にイタリア戦線で救急車の運転手を務めて負傷した。トゥキディデス以来、戦争の観察者の説明はたしかに必要であり、戦争の非常に多様な実体験を明らかにしている。したがって、ヘミングウェイの小説の主人公フレデリック・ヘンリーはこの小説のなかで、実際に戦うよりも食べ、飲み、セックスすることに、より多くの時間を費やしていることも指摘すべきであろう。近代戦争の経験の多様な性質は、決して忘れられるべきではない。

本章では、戦争経験の複雑で多様なパターンの一部を提示しようと非常に簡潔に試みた。それには異なる次元（個人、小集団、地域、全国）があり、ひとつの層、ひとつの戦争でさえ、驚くほどに多様な関わり方があるのである。

第4章　遺　産

二〇世紀は、記録の残る歴史上で最も残忍な世紀であった。二〇世紀の戦争によって引き起こされた死者、ないし戦争に関連する死者の総数は、一億八七〇〇万人と推計されている。これは一九一三年の世界人口の一〇パーセント以上に相当する。

（エリック・ホブズボーム『グローバリゼーションと民主主義、テロリズム』二〇〇七年[1]）

1　戦争の遺産

破壊

近代戦争は何を達成したのであろうか。クラウゼヴィッツによれば、戦争は「相互の壊滅にほかならない[2]」し、悲劇的なことに、近代戦争の重要な成果は破壊であった。第一次世界大戦の惨状についてはすでに言及したが、その人的コストだけでも、およそ八五〇〇万人の死者と二一〇〇万人の負傷者をともなった。人口比の文脈に位置づけると、これはあるいはもっと破滅的に見えるかもしれない。ファーガソンが指摘するように、双方の一五〜四九歳の男性に占める割合として第一次世界大戦での死者の総数を見ると、連合国では二・七パーセント、またその敵である中欧列強では一一・五パーセントという驚くべき数値になる[3]。第二次世界大戦では約五五〇〇万人が死亡し、軍人よりも民間人の死者が多かった。非常に多くの近代戦争で、大量殺戮、身体の障害、苦痛、悲嘆、喪失、感情の大混乱、心理的ダメージなどと合わせて、建物や景観の物理的な破壊もあった。マイケル・ロングリーの詩「戦争墓地」は、「戦争後の清算には終わりがない」と表現している[4]。

国内の紛争にも、きわめて衝撃的な影響があった。内戦（カリヴァスの整理によれば、「戦闘が始まる時点では共通の政府の支配下にある集団間で、公式に認められた主権体の境界内で戦われる武装闘争[5]」）が非常に頻繁に起きるようになると、とくにそうであったのかもしれない。一八六一〜六五年のアメリカ南北戦争では、（三〇〇〇万人をわずかに超える人口のうち）三〇〇〇万人以上の米国人が戦い、六〇万人以上の兵士がこの戦争で命を落とした。

政治的影響

しかし、こうした有害な破壊にともなって、複雑で時に深遠な政治的変化もある。もし戦争の影響が戦場や暴力の犠牲者の間で無残なまでに明らかだとすれば、そうした影響は、実際の流血と人的被害をはるかに超えて政治と社会にも及んでいる。本書で論じたように、近代戦争が政治目的をもって行われ、社会政治的ダイナミクスを有する暴力をともなうならば、近代戦争の政治社会的成果を歴史的に評価することが重要であろう。時には、明確な結論を出すことができる。たとえば、戦争によって一八一五年にヨーロッパ覇権を追求するナポレオンの努力を潰えさせたり、一九四五年にナチ・ドイツの計画を最終的に頓挫させたりした事例がある。一九四五年の場合、戦争の結果として、その後長年にわたる旧敵によるドイツ支配、ドイツの軍事的侵略能力の封じ込め、米ソ英仏による占領という一種の国辱、経済的賠償の搾取(またドイツ人そのものに対して向けられた、占領軍による一部の個人的な報復と略奪)、さらに非武装化にともなう脱ナチ化が可能になった(マイケル・バーリが指摘するように、ナチ・ドイツに対する戦争は「道徳的十字軍の様相を帯びるようになった」[6])。

しかし、戦争の政治的成果はかなり曖昧なものである可能性もある。競い合う国々(イタリア、イギリス、トルコ、フランス)が地中海という地球上の魅力的な地域を支配しようとした、一九三〇年代と一九四〇年代の地中海における紛争は何を達成したであろうか。最終的に、この時期の地中海における「覇権をめぐる闘争」は、サイモン・ボールの適切な表現によれば、「大勝利でも大敗北でもない」という状況で決着した。それはこうした暴力にとっての不明瞭で「曖昧」な結果であり、いずれにせよ、主として恩恵を受けたのは主要参加国の多くが想定していた国ではなかった。つまり、「イタリア帝国は覇権を求めてイギリス帝国に挑戦し、究極的にはアメリカ帝国が利益を手にした」のであった[7]。

新しい国民国家の誕生

やはり、くり返し明らかになるのは——そして戦争の原因における国民的なものと、国家中心的なものの重要性に関する、われわれの議論と共鳴することだが――、近代戦争がしばしば新しい国民的国家（national states）を作り出してきたという事実である。一九九〇年代のポスト・ユーゴスラヴィア［旧ユーゴスラヴィア解体後］の紛争が、説得力のある事例を提供する。たとえば、一九九二～九五年のボスニア・ヘルツェゴヴィナ紛争は、前述のような種類の凄まじい破壊をもたらした。二六万人が命を落とし、人口の三分の二ほどが住居を失い、非常に広範な人権侵害（レイプ、拷問、処刑を含む）が生じ、戦争中に経済が崩壊したのである。一九九五年七月にスレブレニツァで起きた、セルビア系ボスニア人による七〇〇〇人以上のボシュニャク人［イスラム系］の組織的虐殺は、当然ながら悪名高いものである。しかし、これら一連の紛争では、凄惨な暴力が無数の方向に実行された。住民の強制退去は、何十万人という難民を生み出した。ポスト・ユーゴスラヴィアの残酷なサイクルの終わりには、一九九九年のコソヴォ紛争によって、八五万人近くの人々がこの地域を自主的ないし強制的に離れることになった。また、これらの一九九〇年代のポスト・ユーゴスラヴィアの戦争では、六〇万人のセルビア人が、難民としてクロアチアとボスニアからセルビアに逃れた。その他にも非常に多くの人々が、行方不明者となった――そのほとんどはいまでは死亡したと考えられ、幾多もの恐るべき切々たる沈黙の声を残している。

しかし、旧ユーゴスラヴィアでは、破壊の他に何が達成されたのであろうか。民族浄化は、以前と比べてはるかに同質的な居住域を生み出し、セルビアとスロヴェニア、クロアチア、ボスニア・ヘルツェゴヴィナ、マケドニア、モンテネグロ、コソヴォという、七つの新国家が作られた。このうちコソヴォ（図9参照、人口二〇〇万人ほど）は、二〇〇八年二月一七日に独立を宣言した。これ

図9　ポスト・ユーゴスラヴィアの諸国

は多数派のアルバニア系コソヴォ人の住民による意思表示であった。セルビアは断固として拒絶したが、この宣言は独立を勝ち取ろうとする一九九〇年代初頭のコソヴォの試みと、それに続く残酷な紛争の結果であった。こうした展開は、事実上、アルバニア人が支配するコソヴォを生み出したのである。それはいまや支配的になった多数派にとっては望ましい結果であったが、必ずしも地域の問題を解決するものではなかった。一九九一年以降、旧ユーゴスラヴィアを巧みに取材してきた一人の記者（ティム・ジューダ）は、一九九〇年代の初めにコソヴォが直面していた困難の多くは、それから二〇年近くがたち、コソヴォでの戦争の流血と破壊すべてのあとで、本質的には同じままである、とのちに述べた[8]。いまだに続く対立と分断に加えて、経済的困窮はたしかに依然として深刻である。とはいえ、コソヴォによる民族自決の追求は、この地域からセルビアの影響力だけでなく、多くのセルビア人を実際に一掃し、またコソヴォにおける視覚的、制度的、物質的な文化からセルビアの痕跡を消すことになった。コソヴォのほとんどが実質的にアルバニア人のものになった。また、住民の多くに関するかぎりで、このことは暴力を通じて形成される望ましい変化を象徴している。

このように、ポスト・ユーゴスラヴィアの戦争は旧ユーゴスラヴィアのさまざまな地域集団の独立というかたちで終結した。それは、住民と戦後に登場した支配政権のよりきれいな一致という、残忍に達成されたパターンであった。ウォルフによれば、「かつてひとつしか国が存在しなかった場所に七つの国家が登場したという事実は、国民（ネイションフッド）であることの大義を掲げる暴力は……有効である、という争う余地のないメッセージを伝えた[9]」。ぞっとするような出来事にもかかわらず、この民族

＝国民の切り分けによって、多少の安定と限定的な正義がもたらされた。その結果、二〇〇二年のセルビアの人口（コソヴォを除く）はおよそ七五〇万人を数え、その圧倒的多数が実際にセルビア人であった。それにもかかわらず、セルビアの戦時指導者スロボダン・ミロシェヴィッチは、二〇〇〇年一〇月五日に権力の座から陥落し、自身の裁判が行われている最中の二〇〇六年三月一一日、オランダのハーグで収監中に死亡した。

たとえ新しい国家や国民を作り出さないとしても、戦争は既存の国民的忠誠とアイデンティティ、献身を強化する可能性がある。このプロセスは、自動的ないし必然的なものではないかもしれない。しかし、このプロセスは歴史上でくり返し明示されており、共通の帰属と共通の苦しみ、共通の達成、また国民的性格と特異性、道徳的目的に関する共通の神話を強固にしている。そして、国家の複雑性にもかかわらず、国家のさらなる中央集権化をたびたび引き起こしている。最初の真の「総力」戦となった第一次世界大戦では、いくつかの社会の実質的な軍事化（militarization）が進められたり、戦争努力のために利用可能な国家のあらゆる要素が活用されたり、戦時における国家の権力と能力が象徴的に拡大されたりした。しかし、その限界も認める必要がある。イギリスでは、第一次世界大戦の際、臣民の生活のさまざまな側面に、国家がより大々的に干渉したのは事実である。しかし、一九二〇年代初めまでには、たとえば国家による経済への介入は、戦前並の水準と権限まで縮小された。

国家の輪郭の政治的変化は、国家の権力と対外関係にも同じぐらい重要な影響を及ぼすことになる。そうだとすれば、たとえば脱植民地化の戦争は何を達成したのであろうか。（今日にいたるまで、世界最大の）イギリス帝国の場合、撤退の理由は複雑であった。経済力の衰退が重要であったし、実際問題として、帝国を維持するための金銭的およびその他のコストがますます利益を上回りつつあるという認識が強まったことも重要であった。イギリスに対する暴力も要因のひとつであるが、もし予防的に譲歩をしない場合に他の場所でさらに暴力が広がるという恐れも――それほど明らかではないにせよ――寄与した。軍事史ではよくあることだが、最も成果を上げた暴力は、しばしば行使されずに済んだものであった。

もちろん、帝国への軍事的被害は、反乱者よりも競争者から受ける可能性がある。たしかに、イギリス帝国そのものへの最大の脅威は、植民地支配に対する反乱ではなく、競合関係にある諸帝国の軍隊であった。また、イギリス帝国の覇権に致命傷を与えたのは、民族主義者（ナショナリスト）の蜂起による損害というよりも、競合関係にある帝国と戦う経済的コストであった。ホブズボームの言葉を借りるなら、「帝国を終焉させるのがその臣民の反乱だけということは滅多にない、というのが真実である」[10]。一九四五年以降に実施された、イギリス帝国から現地後継者に対する権力委譲は、その大半が平和的かつ自発的に生じた。植民地からの撤退は、反乱を起こす植民地の民族主義者だけでなく、イギリスの戦後経済が脆弱（ぜいじゃく）であったことも原因である。

脱植民地化

コレリ・バーネットのように、このテーマ［衰退論］を発展させて、イギリスの戦後の衰退を部分的には第二次世界大戦そのもののなかでの経験と選択、幻想、失策、実績に基づいて説明しようと試みた者もいる。こうした見解によれば、戦争中のイギリスの為政者たちは、道徳的＝空想的なナイーヴさを抱え、理想主義的で経済的に非現実的なアプローチを採用した。産業の管理は非常に稚拙で、方法と技術、リーダーシップ、考え方（メンタリティ）という点で時代遅れのアプローチが全国的に広まっていた。したがって、競争相手と比べると、イギリスには経済的競争力が欠けていた、とされる[11]。この議論に対しては強烈な異議が唱えられているが、戦時の決断とより広い社会的遺産の間に存在するかもしれない、もしかすると有機的な結びつきを示している。

社会と経済への影響

また、こうした議論は軍隊が社会に及ぼす影響はそれほど大きくないという認識をともなうが、当然ながら軍隊自身も社会なのである。そういうわけで、軍事的必要性と認められるパターンの変化には、非常に大きな意味があるかもしれない。二一世紀初頭のイギリス陸軍の人員は男女合わせて一〇万人強であるが、第二次世界大戦の終結時には三〇〇万人超であった。同様に、イギリス海軍の人員は二一世紀初頭では五万人弱であるが、第二次世界大戦終結時には八五万人超であった。イギリス空軍の人員は二一世紀初頭で五万人あまりであるが、ジュリアン・トンプソンの『帝国戦争博物館編　近代戦争』も指摘するように、第二次世界大戦終結時には一〇〇万人以上に達していた[12]。こうした軍隊の規模の変化がイギリス国内の特定の地域と階層の経済、またひとつの国民としてのイギリスの自己イメージに及ぼす影響は、相当なものであった。

戦争の影響はさまざまな関係性に及びうる。戦時の戦闘の経験がいかに男性中心になりがちかは、しばしば正しく指摘されている（ただし、この軍隊におけるジェンダー・バイアスの特異性は時に誇張されている、と私は考える。たとえば、女性軍人に限らず近代の女性作曲家や女性プロボクサーの割合も非常に低かった）。軍隊の男性指向の理由については議論が続いており、生物学的、文化的、政治的なテーゼはすべて真剣に考察されるべきであるが、各テーゼはおそらく最終的で完全な説明の一部でしかない。それでも、機会と関係性のジェンダー化［ジェンダーに基づく区別］は、近代戦争によってさまざまに重要なかたちで劇的に変化した。第一次および第二次世界大戦では、その両方で女性の職業に変化がみられた（もっとも、一部の変化は平時にはそれほど長続きしなかったが）。『オックスフォード図説　近代戦争の歴史』が指摘するように、イギリスの製造業、運輸業における女性労働者の割合は、一九一四年には二三パーセントであったが、一九一八年には三四パーセントにまで上がった。また、イギリスの商業、金融業における女性労働者の割合は、一九一四年には二七パーセントであったが、その四年後の一九一八年には五三パーセントとなった。[13] 女性は戦争中に欠くことのできない労働者となり、その結果として女性の役割は劇的に変化し、一九一八年の人民代表法（Representation of the People Act）によって、三〇歳以上の女性に投票権が認められた。同様に、ジェンダーに基づく機会の変化にともなって、技術と科学の革新が生じた（また、時にこうしたジェンダーに関する変化よりも影響が長く続いた）。こうした革新には、軍事的発明や先駆的な精神医学、あるいは通信技術の革命が含まれる。

戦争の経済的影響についてはどうであろうか。流血にともなって取引が拡大する産業や事業に従事する者をはじめとして、戦争で得をする者もいるのが常である。しかし、近代経済市場の一部の側面は——とくに米国において——実際に暴力的紛争の開始時に盛んになることを示す証拠がある（マッシモ・グイドリンとエリアナ・ラ・フェラーラの論文で指摘されている）[14]。ただし、当然ながらその影響は複雑であり、決して一様ではないし、良好な状態が持続するわけでもない。往々にして（第二次世界大戦中の米国経済のように）目覚ましい経済の膨張があり、人々は時に直接の物質的利益を得るという明確な目的をもって、しばしば非常に残忍なかたちで暴力的紛争に関与する可能性がある。しかし、たいていの場合、戦争で荒廃した多くの社会の一部、また一部諸国の経済全体に対しても経済的破壊が起こることになる。「イギリスは、もっている資源を大幅に超えて戦争を行ったために経済が壊滅状態になり、一九一八年以降もとのままではいられなかった[15]」というエリック・ホブズボームの見解は、この点に関する近代戦争の悪影響の評価として、非常に説得力がある。

各国および各戦争の中のさまざまな要素を個別に分析すると、手段として集団や個人が手にする、個別的な利点の認識も可能になる。時に戦争は、国や政党、運動、組織の指導者にとって都合が良い場合もある。また戦時下の実績は、軍事面のみならず、政治面における名誉と栄達をともなうことがある。このように、戦争の成果には、多層のレンズを通して見ると、手段としての利点と利益、結果のさまざまな層がありうるのである。

戦争の記憶

より長期的な遺産には、ある種の戦争の記憶の獲得や創造などがある。この影響を当然視すべきではない。最も有名な近代戦争でさえ、のちの世代の意識に明白な刻印を残していると考えるのは単純過ぎるであろう。再び、エリック・ホブズボームの指摘を引用しよう。

「第二次世界大戦」というからには「第一次世界大戦」もあったのか。こんな質問を知的なアメリカ人の学生から受けたことがある者であれば、二〇世紀に関する基本的な知識すら当たり前とみなしえないことに気づいている。[16]

この点は、近代戦争のより幅広い主題についてもよく当てはまる。なぜなら、戦争についてはあまりに多くのことが記憶されて**おらず**、戦争によって変わらなかったことは、変わったことと同じぐらいはっきりと思い出されるに違いないからである。

しかしながら戦争の記憶は、理解できるが大げさで誤解をまねく取り組み――必然かつ決定的な成果を記憶にとどめようとする――をしばしばともなう。それは損失と苦痛、犠牲のすべてに意味を見いだそうとする立派な取り組みである。マイケル・バーリの言葉を借りれば、「第一次世界大戦は、大衆の権利という意識、死と苦痛のすべてが何かのためでなければならないという感覚を作り出した[17]」。これは、個別の実践において、何を意味しうるのであろうか。たとえば、ベルギーの町イーペルは、一九一四〜四〇年のイギリスでどのように記憶されていたのであろうか。戦間期には、イギリス帝国とイーペルの恒久的な結びつきの維持を目的としたイープル同盟（一九二一年一〇月設立［イープルは英語発音］）と呼ばれる追悼運動があった。この同盟は、崇高とされる闘争のなかで、イーペルで勇敢にも犠牲となったもの、英雄的に達成されたものを思い起こすことで、精神的および魂の浄化といった恩恵が得られるかもしれないと示唆していた。イーペルでは、一九一四年一一月にイギリス遠征軍が戦い、一九一五年と一九一七年、一九一八年にも三つの大きな戦いがあった。ぞっとするほどの凄惨な大規模な暴力のなかで、多数のイギリス兵がこの地で戦死した。しかし、犠牲は精神的な恵みを生み出すものと見なされ、特定のかたちで追悼することが精神を高揚させ、それ自体、高尚な経験になりえた。実際、戦後のイギリスでは、それゆえにイーペルの追悼と回顧において、同地は（マーク・コナリーの言葉では）「信念と忠誠、勇気、決意というイギリスの価値観が試され、すべてが発現した場所」[18]として顕彰されている。一部の記憶がいかに断片的、感傷的、あるいは人々を安心させるものであろうと、しばしば戦争の悲惨さの中に意味を見いだし、起きたことには何か重要な意義があったと理解しようとする試みはもっともなことである。

　したがって、戦争の成果には、戦いを記憶するためにわれわれが戦後に何かするよう間接的に促すことが含まれる。戦争を記憶する行為には、ぞっとするほどに残忍な暴力と破壊に意味を見出そうとする戦後の試みにおいて、人々を結びつけ、決意と精神的報酬をもたらすものもある。こうした記憶は、ある種の慰撫のための神格化、つまり戦争で自らを犠牲にした人々を聖別［神聖化］する試みとして、呼び起こされるかもしれない。戦没者の犠牲からインスピレーションを受けて、追悼にはさらなる精神的次元が与えられるかもしれない。公式の追悼式典は――均質的になりがちであるだけでなく――このように戦没者や国のために命や手足を捧げた兵士への敬意に向かう傾向がある。これらの式典は、こうした自己犠牲の勇ましい献身に、最高の国民性を象徴させようとする。

　しかし、哀愁的で心を動かす記念物は、無価値と無益さを強調することもできる。『遠く、遠く離れて』でセバスチャン・バリーが作り出した主人公ウィリー・ダンは一八九六年に生まれた。カトリック系の王立アイルランド警察隊の警察官の息子だったダンは、ロイヤル・ダブリン・フュージリア連隊の兵士として、第一次世界大戦中に二一歳で命を落とした。この小説は、現代の史学史上の革命をいくらか反映している。長年に及ぶ政治的含意のある健忘症を経て、第一次世界大戦期のイギリス陸軍に参加したアイルランドのカトリック教徒／ナショナリストの存在が思い出されることになったのである。この小説は、一人の年若い兵士が経験する恐怖と死というぞっとするような苦しみと、その後の痛ましい忘却を人間味豊かに描いており、人の心を動かす。なぜなら、第一次世界大戦のイギリス陸軍兵士の多くはアイルランド人だったからである（「「イギリス陸軍は」アイルランド＝イギリス陸軍と呼ばれるべきである」）。バリーによる死者の描写では、感傷的になることなく忌まわしい破壊が想像されている。「失われた手や足があったはずの場所の深い傷、兵士たちの胸は切り裂かれ、そこら中に散らばる何百という手や足、そして臓物の深く大きな血だまり、それらがすべて土や砕け散った草木と混じり合っていた」[19]。ウィリアム・オーペンが第一次世界大戦を描いた素晴らしい絵画（たとえば「塹壕の死せるドイツ兵」[Dead Germans in a Trench、一九一八年]や「ゾンネベケ」[Zonnebeke、一九一八年、図10を参照]）の、やはり見事なまでに非感傷的な特色は、これらの絵画がいまだにもつ永続的な影響力の理由のひとつなのである。近代戦争に関するいくつかの最高の芸術的描写は、愛から遠く切り離された、記憶されることのない残滓を描き出している。

　そして悲劇的なことに、われわれは大衆の戦争の記憶をくり返し誤ってしまう。「第一次世界大戦」と言えばわれわれは塹壕のことを考えるが、それ以外にも数多の場面があったことは明らかで

図10　ウィリアム・オーペン画「ゾンネベケ」(1918年)

ある。ポール・フッセルが指摘しているように、[20]その塹壕のイメージは、より完全で正確な戦争の記憶を単純化し、ある程度まで歪めてしまう。おそらく、第一次世界大戦の無益さ——あまりにたくさんあった——は、この塹壕に対する強迫観念じみたもののために、より単純なものとして提示されてきたであろう。やはり、われわれは折に触れて自己強化的な誤った記憶——詳細に検討しようとすると霧散してしまう英雄的資質とされるものや、道徳的正当化の誇張された明快さに関する記憶——によって（したがって誤った記憶に向かって）導かれている。残念ながら、不正を正すことは、ほとんどの場合において、決して近代戦争の原因が依拠する重要な問題ではないのである。マックス・ヘイスティングスがいみじくも指摘しているように、正当な近代戦争の自明の事例であるナチ・ドイツとの戦い（一九三九〜四五年）においてさえ、ヒトラーからユダヤ人を保護するといった問題は、それが自らを慰めるような戦後の偽記憶においてその後顕著になったことと比べると、連合国の間ではほとんど目立たないものだった。また、連合国にとって同時代的な動機を与えるものでもなかった。[21]

2　戦争の道徳性（モラリティ）

戦争の成果の評価は、われわれを道徳の考察に向かわせる。もし（ニーアル・ファーガソンが強く主張するように[22]）第一次世界大戦が必然的なものではなかったり、（ポール・プレストンが賢明にもほのめかすように[23]）スペイン内戦が最終的には不要なものだったと判断されたりするなら、歴史家にとっても読者にとっても、道徳の問題が惹起（じゃっき）されるのはやむをえないことである。戦争の倫理――どういう場合に戦争を開始するのが合法なのか（*jus ad bellum*）という問題、また開戦した場合には戦争では何が合法なのか（*jus in bello*）という問題――に関する膨大な量の文献について、本章の紙幅ではすべてを扱うことはできない。しかし、道徳性の問題は、戦争の原因と経験、成果に関する議論に絶えず付きまとっている。一部の者は、戦争の非道な、またしばしば不相応に大きな恐怖に対して、平和主義をとることで応える。その一方で、他の者は（より積極的な）非暴力と（より受動的な）平和主義を区別し、そのうえ暴力自体の効能とされるものと比べて、非暴力にはより大きな有効性があると主張する。こうした主張を実際に評価することは非常に困難だが、――たぶん残念なことに——有力な政治家が集う場では、こうした主張は浸透していない。

これらの政治家は、戦争の開始に関する決断において、くり返し道徳に反しているのであろうか。スー・メンダスは、政治家は必ずしもわれわれよりも不道徳だというわけではないが、政治家が直面する課題のために、道徳的な選択の諸側面がいっそう困難なものになるかもしれない、と思慮深く論じている。[24] たしかに、政治家はしばしば自身の倫理的責務と、政治的責任のある地位ゆえに求められる公平な道徳の要請との緊張関係にさらされ、また戦争に関する決断はこうした緊張のスペクトラムのより困難な局面にあたる、と説得力をもって主張することができる。

同じぐらい確かなことに、戦争を研究する歴史家はしばしば、道徳的に欠陥のある人類によって鼓舞させられるのではなく、失望を感じるであろう。それは近代戦争において勇気と理想主義を体現した人々や、損失と苦痛を耐え忍んだ人々の類いまれな英雄的資質を否定することではない。単に——戦争の正当化が真の原因の説明や動機と一致せず、戦争の正当化ないし動機づけが流血によって達成された成果に十分に見合わないことを考えると——この人間の活動のなかで最も恐ろしい活動［戦争］に従事することについて、国家としてであれ、市民としてであれ、われわれが望む以上に躊躇すべきであると認めることにすぎない。

正戦思想そのものに関しては、多種多様のすぐれた論考が重要な諸論点を取り上げている。なかでも、ジーン・ベスキー・エルシュテインがまとめた、戦争に従事する者にとっての七つの重要な要件は秀逸な概略となっている。

(1)戦争が、他のすべての手段を尽くしたあとでのみ利用される、最後の手段であること。
(2)戦争が、明確に、実際に侵害された権利の回復か、武力の脅威によって支えられた不正な要求に対する防衛のための行為であること。
(3)戦争が、適切に構成された政府によって、公然かつ合法的に宣言されること。
(4)合理的な勝算があること。
(5)目的に対して手段が釣り合っていること。
(6)戦争が、戦闘員と非戦闘員を区別するようなかたちで遂行されること。
(7)戦勝国が敗戦国の完全な恥辱を要求しないこと。(25)

そのうえ、戦争の開始について決断するための政治的文脈と、戦争において何をするかを決めるための軍事的背景は、どちらも悠長ないし学究的というよりも、切迫した緊急のものである傾向がある。この問題に関する最も明敏な思想家の一人、マイケル・ウォルツァーが「実践的な道徳(プラクティカル・モラリティ)」と呼ぶものが、ここにはある。ウォルツァー自身が指摘するところでは、国家が行いうること、ないし行う可能性があることではなく、国家が実際に行っていること、より具体的に言えば、権利の擁護に基づいて戦争は正当化されると指摘する。しかし、国家にはそもそも戦う権利があるのであろうか。また、こうして開始された戦争、そのきれいごとでは済まされない戦い方は、直接の原因および暴力を通じて達成できることに比例しているのであろうか。より具体的には、目標Xほどの価値はないが、やはり重要な成果をより少数の人間の苦痛で達成できる場合、目標Xを達成するために費やすコストは戦争の苦難に見合うのであろうか。市民的抵抗の研究者（アダム・ロバーツとティモシー・ガートン・アッシュや[26]、エリカ・チェノウェスとマリア・J・ステファンなど[27]）は、もしかしたらこの問いに対する答えは否だ、とその著作において示唆している。

3　歴史事例から見る戦争の成果

本書のような小著では、以下のように総括しながら、きわめて簡潔に議論を提示することしかできない。すなわち、優勢な軍事大国や帝国が戦争を通じて達成できることにさえ、たびたび大きな制約があること（ベトナム戦争）。参戦国の表向きの野心という点から、あまりに多くの戦争がひどく無益なものに見えること（一九八〇～八八年のイラン・イラク戦争）。頻繁かつ当然に、戦争が非常に不明瞭な成果をともなって終わること（一九五〇～五三年の朝鮮戦争――スターリンと毛沢東は金日成が大韓民国を攻略することを望んだが、金日成はこれを実行できなかった。国連は大筋で朝鮮の統一を望んだが、これも達成されなかった。しかし、北朝鮮による侵略に抵抗し、妨害することを望んだ者はかなり成功した）。また戦争は――大げさなレトリックにもかかわらず――必ずしも高潔や正義の勝利という結果をもたらさず、むしろきわめて頻繁に、（『欽定訳聖書』、詩篇第一二編、第八節の言い回しを借りれば）「卑しい事が人の子の中に崇められ、悪しき者がいたる所で欲しいままに歩く」のである。

この小著のなかで、多少なりとも有益なほどに詳細にできることがあるとすれば、およそ一世紀の隔たりがある、まったく性質が異なる二つの近代戦争を考察し、それらの戦争が実際に達成したことの一部を(おそらく、前述の比例性(プロポーショナリティ)に関する点を念頭に置きながら)評価することである。

第一次世界大戦の成果

では、そもそも、第一次世界大戦の交戦国は実際に何を達成したのであろうか。ルパート・ブルック[イギリスの戦争詩人]の言う、青春の甘美な赤ワインを注ぎ尽くして[「死者」と題する詩の一節]、現実には何がもたらされたのであろうか。一部の研究者はこの点について率直に答えている。たとえば第一次世界大戦についてロブソンは「相争う国々は、参戦目的を達成したと正当に主張することはできなかった。なぜなら、自己防衛と勝利以外に、公言された目的はなかったからである」[28]と述べる。

ドイツは莫大な死傷者を出したのみならず、武装解除させられたうえに敵国に賠償金を支払い、自国内の相当な領土を連合国に占領された。さらに、一九一四年以降に獲得した東欧での征服地だけでなくフランスとベルギーの土地を放棄し、ドイツ軍の能力と規模を大幅に縮小せざるをえなかった(図11参照)。同様に、オーストリア＝ハンガリーでは、第一次世界大戦の結果としてハプスブルク王朝が解体した。これは同国が被った多大な損失に加えての帰結であって、一九一七年末の時点でさえ、同国は一二五万人を失っていたのである。トルコも敗北によって領土を失った。

しかし、連合国が勝利による本当の意味での恩恵を受けることはなかった。フランスは、全国的な荒廃と呼べるほどの多大な損失を被った。ロシア政府は破壊的な革命を経験した。たしかに、イギリスは新たな帝国領土を多く獲得し、ドイツとの競争は勢いを失うことになった。しかし、イギリスが求めていた帝国の安全を達成することはできなかった。また、エイドリアン・グレゴリーの

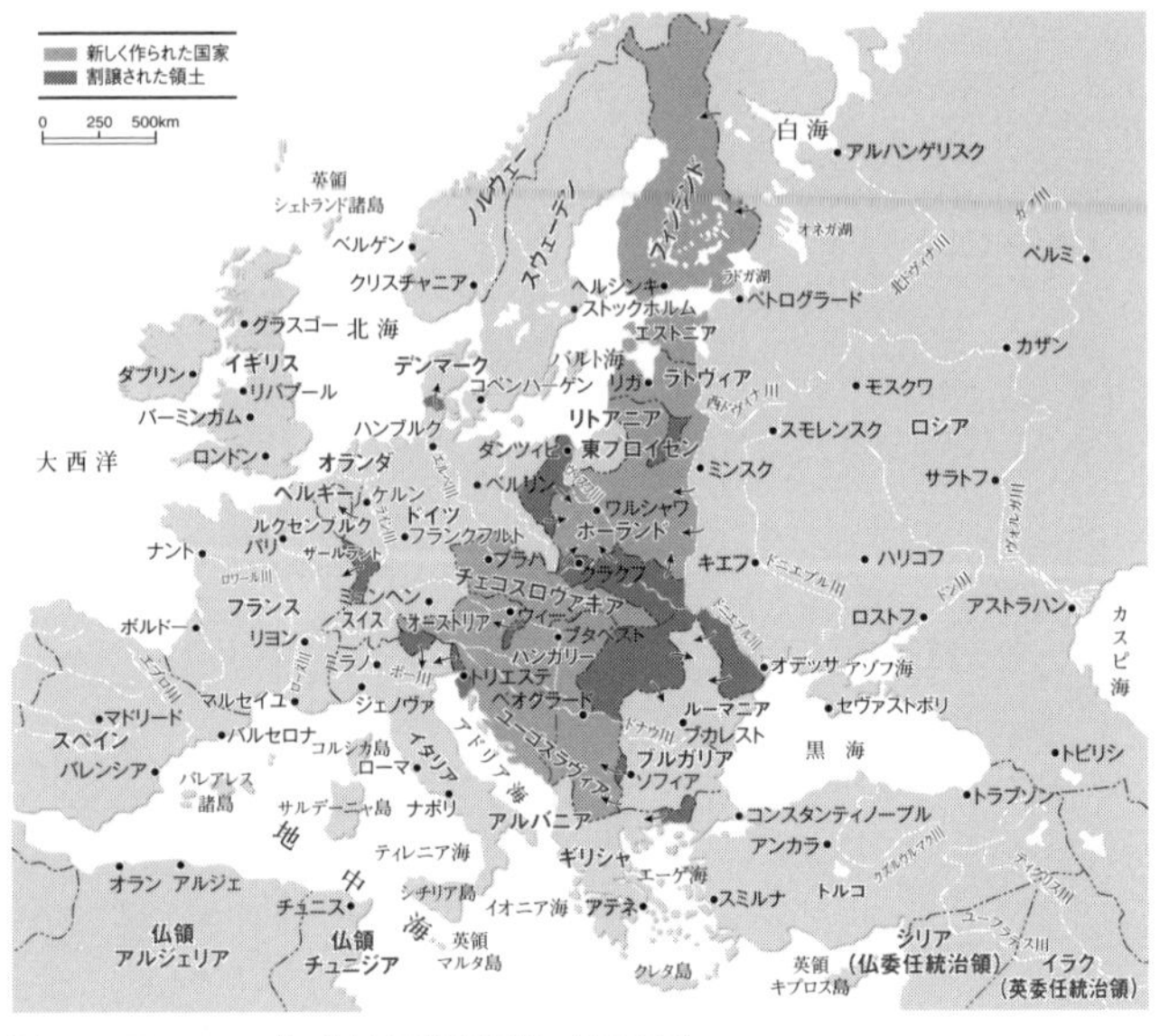

図11 ヨーロッパにおける講和条約（1919年）

ように、イギリスが一九一四年に参戦したことには正当な理由があると熟知している歴史家でさえ、この戦争で驚くほどのコストが費やされたにもかかわらず、「その対価は明らかに限定的だった」ことを認めている。(29) 身体および生命のひどい損失に加えて、イギリスの戦争の遺産には（すでに言及したように）破滅的な経済的影響があった。負債とインフレ、失業によって、膨大かつ持続的な損害を被ったのである。

なぜなら、第一次世界大戦では経済的な勢力均衡の決定的な変化、すなわち英仏から米国へのシフトがあったからである。したがって、第一次世界大戦の最終的な勝者がいたとすれば、それは開戦の時点では参戦しておらず、それゆえに当初から戦争目的をもって戦争に火をつけ

郵便はがき

料金受取人払郵便

河内郵便局
承認

508

差出有効期間
2021年3月
20日まで

(期間後は切手をお貼り下さい)

578-8790

東大阪市川田3丁目1番27号

株式会社 創元社 通信販売係

創元社愛読者アンケート

今回お買いあげいただいた本

[ご感想]

本書を何でお知りになりましたか(新聞・雑誌名もお書きください)

1. 書店　2. 広告(　　　)　3. 書評(　　　)　4. Web

5. その他

たという非難を免れた国、つまり米国であった。第一次世界大戦には、長年にわたる至極当然の幻滅から多くの人々が想定しがちである以上に、ドイツの侵略を挫くという点で大きな意味があったと主張することは、おそらく可能であろう。しかし、こうした恐るべき大殺戮を正当化するに足るほどに、戦争の恩恵が著しく有益なものだったと確信するのはいまもって非常に困難である。

「テロとの戦い」の評価

二一世紀初頭には、一九一八年以後に経済的に突出することになった大国によって、第一次世界大戦とは非常に異なる、ずっと小規模の戦争が開始された。米国は二〇〇一年九月一一日の同時多発テロ攻撃（九・一一事件）を受けて、「テロとの戦い」（War on Terror）を宣言した。近代戦争の多くに顕著に見られるように、軍事と非軍事を組み合わせた戦争である。テロとの戦いはアフガニスタンとイラクにおける明白に伝統的な戦争をともなったが、これらの伝統的な戦争は、九・一一同時多発テロで残虐なかたちで体現されたテロリストの脅威に対する闘争という、はるかに大きな観念に結びつけられていた。それでもなお、米国に率いられたテロとの戦いは、無数の幅広い同盟国を特徴としていた。「テロとの戦い」という用語は一〇年足らずで廃れてしまったが、九・一一以降、対テロ戦争の取り組みが国際関係をある程度まで支配した。テロとの戦いでは、米国とその同盟国をさらなるテロ攻撃から守ること、九・一一の首謀者を拘束ないし殺害してアルカイダを打倒すること、国際的な影響力のあるテロ集団をすべて根絶すること、また欧米諸国に対するテロリストを支援してきた政権の影響力と権力に対抗することが試みられた。

この戦争はどの程度成功したのか。また、より興味深いことに、それはなぜであろうか。九・一一以降、米国内ではアルカイダによる攻撃がなく、九・一一以後の一〇年間に、西ヨーロッパでは死者を出す攻撃は限られた数しか起きていない。テロリストの陰謀は無数に存在したと思われるが、それは脅威が必然的に広範なものだったということを意味しない。しかし、永続的な脅威があったし、いまでもあるということをこれらのテロ計画は示している。米当局は、未然に防いだ一連の攻撃計画を正当に指摘することができる。シュー・ボマーことリチャード・レイドのマイアミ行き旅客機爆破計画（二〇〇一年一二月）や、テロ計画容疑で有罪判決を受けたイマン・ファリスのニューヨークのブルックリン橋破壊計画（二〇〇三年五月）、またいずれも複数の共謀者によるニューヨーク証券取引所攻撃計画（二〇〇四年八月）、ニューヨーク地下鉄駅爆破計画（二〇〇四年八月、テロ計画容疑で有罪判決）などである。

こうしたテロ計画阻止の成功は、敵テロリストに対する有名な攻撃により補完されている。その最も有名な例は二〇一一年五月に実行されたウサマ・ビン・ラーディン本人の殺害である。バラク・オバマ大統領が断言したところによれば、「世界はより平和になった。ウサマ・ビン・ラーディンの死のお陰で、より良い場所になったのだ」[30]。アルカイダが実質的にどの程度壊滅させられたのかについては議論が戦わされているが、九・一一同時多発テロを実行した組織が封じ込まれ、力を削がれ、以前は利用できた組織化のための安息地や空間の利用を拒絶されていることはほとんど疑う余地がない。国家体制という点では、タリバンはアフガニスタンの権力の座を追われ、イラクではサダム・フセイン政権が壊滅させられた。ただし、その後の紛争や混乱を防ごうとする米国主導の大きな努力にもかかわらず、両国で暴力的な紛争と一定の混乱が続いているが。しかし、テロの脅威は残っており、実際のところ、グローバルなテロ攻撃の程度は九・一一以後の時期に低下したというよりも上昇している。イーライ・バーマン[31]やエカテリーナ・ステパノワ[32]など多くの研究者によれば、対テロにおける近年の国際的な集団的努力にもかかわらず、九・一一以降に起こったテロ事件の件数とその死者数は気が滅入るほどに大きく、しかもその数値はテロとの戦いの最中に実は上昇したのであった。

4 テロ対策の歴史的フレームワーク

テロとの戦いがうまくいったかどうかについては、万人が同意できるような評価はありえないのかもしれない。テロとの戦いの成功は、一部の点では重要だが、それ以外では非常に限定的である。重要なのは、こうした大がかりな取り組みがなぜ現実には限定され、欠陥を抱えているのかを考察することである。私はかつて別の著作（『テロリズム――どう対応すべきか』）で、対テロ戦争の成功について、歴史に基づくフレームワークがあると論じたことがある。このフレームワークは、以下の七つの相互に関連する重要な要素からなる。①テロリズムと共に生きることを学ぶこと。②可能なら、テロリズムの根本的な問題と原因に対処すること。③対応の過剰な軍事化を避けること。④テロ対策の成功において、インテリジェンスが最も重要な要素だと認識すること。⑤伝統的な法的枠組みを尊重し、民主的に確立された法の支配を遵守（じゅんしゅ）すること。⑥安全保障と財政、技術に関する予防措置を調整すること。⑦また、対テロに関する公の議論において大きな信頼性を維持すること。

以下、本章の結論部分では、テロとの戦いの成果と限界の理由を評価する手段として、このフレームワークを活用したい。現代の危機に対処する際に、国家は一般的に自国の最近の対テロリスト経験からすら教訓を学び損ねる、という議論が多く提示されている。また一部の研究者は、最近のテロ対策がその公言された目標を達成するのに大いに失敗していると遠慮なく断言している。「テロ対策は自己成就的なものになり、いまやテロリズムを助長するうえで重要な要素になっている」。また、「テロ対策は、テロリズムの最高の味方になっている」（ホセバ・スライカ[33]）。

それでは、前述のフレームワークのなかで、テロとの戦いの効果の有無を、どう評価したり説明したりすることができるであろうか。

原則1　テロリズムと共に生きる

効果的なテロ対策の第一の原則は、テロリズムと共に生きることを学ぶことである。ほとんどの研究者は、テロ対策が短期的ではなく長期的な視点から構想される場合に、最も効果的に機能することに同意する傾向がある。こうした見方は、この分野ですぐれた見識と経験をもつ実務家も共有するところである（「短期主義は非常に大きな危険をともなう」――ジュディス・ギレスピー、北アイルランド警察庁副長官[34]）。九・一一以後、米国とその同盟国が長期にわたる戦争に献身的に関与していることは疑いようがない。しかし、実行されたことの一部は、いまから見れば傲慢（ごうまん）なまでに野心的であったように思われる。ロバート・グッディンの言葉を借りれば、「テロリストは、この先も長きにわたって私たちと共にあるであろう[35]」という学者の認識は、「われわれはこの世から邪悪なる者を駆逐する[36]」、また「われわれの戦争はアルカイダに対して始まるが、それで終わりではない」、むしろそれは「世界中に広がっているすべてのテロリスト集団が発見され、妨害され、打倒されるまでは終わらない[37]」という二〇〇一年一月のジョージ・W・ブッシュ大統領の宣言に疑念の陰を投げかけている。

デイヴィッド・オマンド（二〇〇二〜〇五年にトニー・ブレア首相のもとで安全保障・情報問題調整官を務めた）は、賢明にも次のように認めている。テロリズムに関しては、「危険を除去する」よりも「危険を減らす[38]」ことを目標とすべきであり、達成することのできない勝利を約束するのは明らかに危険であり、自滅的でさえあると。戦争の目的は、達成可能なものでなければならないのである。これは何が実行可能か、またしたがって何が実行不可能かについて現実的に考えることを意味する。そう言い続けることは政治的に困難であるが、依然としてテロ攻撃の可能性は存在するし、時に現実に発生する。しかし、その可能性を適度に抑え込まなければならない。国家は往々にして、突き詰めればそれほど脅威ではない暴力に直面して粘り強く耐える傾向がある。そして、テロリストが活動を続ければ続けるほど、テロ活動は衝撃を与えたり、脅迫したりすることができなくなる傾向がある。

それゆえ、この継続的に存在するが比較的御しやすい脅威に対する反応の比例性（プロポーショナリティ）に関する疑問が生じる。テロとの戦いは、きわめて高くつくものであった。正確な数字を挙げることは難しいが、次のような推計はある。リチャード・ジャクソンらによれば、米国は二〇〇八年までにテロとの戦いに八六四〇億ドルを費やしたとされる[39]。またジョン・ミュラーとマーク・G・スチュアートによれば、九・一一以後の一〇年間に、米国の国内安全保障費が一兆ドル以上増えたとされる。[40] グローバルなテロの脅威の規模（二一世紀における世界中でのテロ事件の年間発生件数は二〇〇〇件をかなり下回り、その多くは比較的小規模である）を考えると、テロとの戦いの際の反応は不釣り合いであったという非難は避けがたいように思われる。

原則2　テロリズムの根本要因に対処する

第二の原則は、可能な場合には、テロリズムの根本的な問題と原因に対処することである。テロ攻撃を受けた後、ないしテロの危機と思われるものの最中には、攻撃を受ける国家と市民が暴力の背景にある根本原因に関心を向けたがらないのは、もっともなことである。そうすることで、こうした大殺戮を行った者に正当性を与えてしまうと思われるかもしれないからである。しかし――時に、こう認めることは感情的に苦痛なことかもしれないが――テロの暴力は深刻な政治問題という根本原因から生じる傾向がある。テロの原因を無視ないし見当違いの判断をしたところで、対テロ戦争に勝利する可能性が高まったりはしない。九・一一のあとでは、テロとの戦いは、ジハード主義のかなり皮相的な宗教的説明や、文明の衝突といった底の浅い議論に多くの言葉が費やされることになった。仮にこのテロ――世界中の大半のイスラム教徒には大方不評であると判明した――の背景にある真のダイナミクスに関心が向けられたら有益だったであろうが、実際にはほとんど見向きされなかった。なぜテロリズムが登場したのかを正確に説明することは、その実行犯の要求に応じることを意味しない。実際、テロ活動家の要求には遠く及ばないものの、テロリスト支持者と想定される人々の大半が受け入れ可能な政治的合意に基づいて、テロリストの活動が終結するというのが、おそらくより一般的なパターンであった（実際のところ、こうした成果は決してテロを正当化するものではない）。

テロとの戦いにおける米国の重要な同盟国であるイギリスは、予防と対応に関する統合戦略を発展させたが、その発展は大いに参考になる。CONTEST（COuNter-TErrorism STrategy、「対テロ戦略」）に関する作業は二〇〇二年に始まり、この戦略は二〇〇三年に採用され、二〇〇六年に公表された。また、アップデートされたCONTEST2がその後二〇〇九年に発表された［さらに二〇一八年にはCONTEST3・0が発表された］。この対テロ戦略には相互補完的な四つの要素が含まれており、頭韻を踏むものになっている。すなわち①追跡（Pursue）：テロ攻撃を阻止し、テロリストのネットワークを攪乱し、攻撃を研究して探知すること、②防止（Prevent）：人々がそもそもテロリストになったり、テロリズムを支援したりするのを阻止すること、③防護（Protect）：テロ攻撃に対するイギリスの防御を強化し、国の脆弱性を減少させること、④準備（Prepare）：事件を防止することができなかった場合にテロ攻撃の影響が小さくなるよう準備し、攻撃後の回復力を高めることである。

この明示的な対テロリスト戦略の最も興味深い側面のひとつは、その原因と動機への関心である。二〇一一年六月の『「防止」戦略』の再提起では、政府はそもそも「『防止』の主たる目的は、人々がテロリストになったり、テロリズムを支援したりするのを防止することでなければならない」と宣言した。しかしこの改訂版は、テロ対策そのものから社会統合の促進をより明確に分離するという点において、以前の政府方針からはいくぶん後退した。「政府は、［今後］その統合戦略を安全保障問題化しない。過去に統合戦略を安全保障問題化したのは過ちであった［テロリズムを防止するための政策が、監視対象となった人々を孤立させ、むしろ過激化させることすらあったという評価がある］」。[41]

なぜなら、根本原因への対処は、こうした原因が実際のところ何なのか、またそれについて何ができるのかを特定することを意味するからである。イギリスの場合、二一世紀のテロリストによる脅威の根源にあるのは、社会統合の不足ではなかったと言えるであろう。一九九九年から二〇〇九年にかけてイギリスでアルカイダ関連のテロ容疑で有罪判決を受けた者の三〇パーセント以上が大学や高等教育機関に通ったことがあり、さらに一五パーセントが職業教育やその他の資格に向けて学ぶか、これらの資格を取得していたという事実は、[42] 実際のところ、むしろかなり高度な統合を示唆している。

原則3　過剰な軍事的報復を避ける

実際にテロの暴力に発展する可能性がはるかに高い憤怒の源泉は、イギリスと欧米諸国の外交政策、またとりわけアフガニスタンとイラクでの戦争における軍事行動を中心としていた。効果的なテロ対策の第三の原則は、反応の過剰な軍事化を避けることである。九・一一以後の米国の怒りは無理からぬもので、国家が自国民とその権益を力強く守る姿勢を誇示したいという願望、そしてアルカイダが攻撃の準備をしたアフガニスタンの拠点をなんとかしなければならないという十分に合理的な信念があった（図12参照）。

図12　アフガニスタンの有志連合軍「不朽の自由作戦」

　したがって、ジョージ・W・ブッシュ大統領が九・一一同時多発テロに断固たる軍事的対応をとった時、その対応は然るべき本能と道理に適う反応にまったく依拠していなかったというわけではない。ひとつには、いまではしばしば批判されるブッシュの対テロ戦略が、実際には大統領再選に向けて彼の人気を高めたのである。しかし、テロ対策そのものの点でも、軍事的関与にはポジティヴな影響を多少なりとも見ることができた。タリバン政権は二〇〇一年時点でアフガニスタンの大半を支配しており、その指導者（ムッラー・オマル）はウサマ・ビン・ラーディンを米国に引き渡したりせず保護することを決定した。同政権は実際にアルカイダに作戦の重要拠点を提供していたのである。米国主導の「不朽の自由作戦」（国際的な有志連合として六〇ヵ国以上が支援）は、一〇月七日に攻撃が始まると、一一月一三日にはカブール、一二月七日にはカンダハルを陥落させ、速やかにタリバンによる支配を転覆させた。

この戦争モデルは速やかに成果を上げ、アフガニスタンにおけるアルカイダの安息地を実質上閉鎖した。

この戦争の背景にある考えは十分に明確であった。当時のトニー・ブレア英首相は、「われわれの分析によれば、アフガニスタンは失敗国家だった。タリバンがそれを乗っ取っていた。その結果、彼らの保護のもとで過激主義が力をつけたのである」とのちに述べている。[43] 何かをしなければならなかったのであり、実際に軍事作戦が断行され、アルカイダに重大な損害を与えたのである。九・一一以後のアフガニスタンにおける有志連合の対テロ作戦は成功を収め、イギリス国内の人命が守られた。二〇一一年一一月二三日（アフガニスタンでの作戦開始から一〇年後）には、英軍トップ［英国防参謀長］のデイヴィッド・リチャーズ陸軍大将が「いまから一〇年後には、これは必要な戦争であって、われわれは堂々と戦争から引き揚げたことに皆が同意するであろう。イギリス軍は正しいことをして自由のために激しく戦ったと世界中で大いに尊敬されることになり、われわれだけでなく誰もがこの戦争には意味があったと見なすようになるであろう」と指摘している。[44] 当然ながら、痛ましい損失がなかったわけではない。この一〇年間に、三八九人のイギリス兵がアフガニスタン紛争で死亡し、さらに五四〇人が重傷を負った。しかし、タリバンを拠点とするアルカイダの凶行から身を守るために何かをする必要があったということを否定したり、多少なりとも重要な進展があったということを否定したりするのは困難であろう。

アフガニスタン紛争の困難は、苦労の末に達成したこれらの成果とは別に、それ以外の多くの事柄、多くのネガティヴな問題が付随したことであった。タリバンの権力は排除されたが、タリバンは組織を立て直し、その後は長期にわたる血みどろの紛争が続いた。予想されていたことだが、この紛争では、イスラム教徒の民間人への付帯的被害（コラテラル・ダメージ）というかたちで、軍事的手段がジハード主義のテロリストたちに恩恵をもたらした。USAトゥデイ紙（二〇〇八年八月二八日付）で報じられたように、米当局者は二〇〇七年だけでも米軍の空爆によりアフガニスタンの民間人三二一人が死亡したと認めた。一方で、兵士による当初の無神経なアプローチと兵士の地元民からの孤立が――暴力的行為と合わせて――間違いなく非生産的であると判明した。セス・G・ジョーンズによれば、反欧米を掲げる反乱軍が力と勢いを得て、反乱軍による攻撃回数は二〇〇二～〇六年には四〇〇パーセント近く増加している[45]。米軍自身の評価でも、二〇〇四年にはアフガニスタンで毎週三〇件ほどの治安に関する事件があったが、二〇〇八年夏までに週三〇〇件に増えた。二〇〇八年一〇月には、当時アフガニスタンにおける英軍最高司令官のマーク・カールトン＝スミス陸軍准将が、タリバンに対する決定的な軍事的勝利が得られることはないと認めた。彼は、反乱軍の打倒よりも反乱軍の制肘（マネージ）の方がより賢明な目標だと示唆している[46]。

　こうしたハイブリッドな反乱軍の背景には複雑な動機があった。占領軍による暴力に対する報復願望、また占領軍を国内から駆逐し、新カブール政府を転覆し、宗教的に異なる（より厳格にイスラム的な）社会秩序を確立する熱意などである。反イスラムの欧米の侵略に報復するためのイスラム教徒の暴力という主張は強力であった。あるタリバンの軍司令官（ムッラー・ダドゥラー）は、二〇〇六年二月、「我々はアフガニスタンのためにここで戦っているのではなく、世界中のイスラム教徒すべてのために、またイラクのムジャヒディーン［イスラム戦士］のために戦っているのである。

異教徒がイスラム教徒の土地を攻撃したのであり、すべてのイスラム教徒は必ず同胞のイスラム教徒を支援しなければならない」と述べた。[47] ここからテロとの戦いにおける主要な困難のひとつが窺える。米英の外交政策は、部分的にはジハード主義のテロリズムを弱体化させるという願望によって正当化され、また駆り立てられていたが、この外交政策はまさにそのテロリズムを生み出した憤激に油を注ぐことになり、実に見方によっては、ジハード主義者が掲げる反欧米の暴力的な主張の正当性を立証するかのように思われた。

トニー・ブレアは、アフガン政策は適切であったという信念を持ち続けていたが、そのブレアでさえも、このアフガニスタン侵攻という企ての背景には何かしら誤った判断があったと明確に述べるようになった。

なによりも私は、アフガニスタンという国の崩壊ぶりを見損なった。また、タリバンがとくに南部の農村地域社会に溶け込み、他人の指図を受けずに暮らしている山岳部の高地で、国境越しに増援部隊を頼む能力を備えつつあることも見誤った。このように潜伏していたタリバンは、脅迫、組織化、われわれへの完全な敵意を維持することによって、その領域内のそこかしこで支配力を再強化すること、少なくともわれわれの作戦を妨害することができたのである。[48]

二〇〇九年には、アフガニスタンに駐留する欧米諸国軍の優先事項の大半は、単なる部隊保護という反復的なもので、毎日主に自分たちの身を守ることに勤しんでいた。有志連合が直面する困難を増大させた要素のひとつは、二〇〇三年以降のイラク——テロとの戦いのもうひとつの主要な軍事活動の舞台となった——における、いろいろと気を散らせる厄介な戦闘である。アフガニスタン紛争における当初の軍事的勝利は一見容易に達成されたために、米国政府の傲慢な雰囲気を強めることになった。こうしてイラクについて何かをしたいという以前の熱意が、とりわけ九・一一以後のテロ対策が正当化の旗印として利用できる状況のなかで再燃した。

しかし、テロリズムへの対策という点では、イラク戦争はアフガニスタン紛争よりもはるかに得るものが少なく、この意味で二つの戦争がしばしば大衆の議論でごちゃ混ぜになっているのは不幸なことである。たしかに、いくつかの理由から、イラク戦争のためにアフガニスタンでの有効な任務遂行がより困難になった。「イラクの自由作戦」により、資金のみならず、アフガニスタンでの戦略を適切かつ巧みに実施するのに欠かせない人材——現地の言語能力と活動経験を有する人材を含む——もアフガニスタンから転用され、引きはがされたのである（一九九六～九九年のCIAビン・ラーディン専門部隊を率いたマイケル・ショワーも事実と認めている）[49]。二〇一一年一一月には、英軍トップであるデイヴィッド・リチャーズ陸軍大将が、「イラクがアフガニスタンの問題からわれわれの目を逸らさせた」と率直に認めている[50]。

それでも、イラク戦争は、米国政府によってテロとの戦いの前線として提示された（図13参照）。この軍事化されたアプローチはうまく機能したのであろうか。アフガニスタンと同様に、イラクは競合する派閥と紛争が昔から複雑に絡み合う場であって、米国とその同盟国による戦後政治の準備はかなり甘く、不十分なものであった。軍事的成功の初期段階は実に印象的なもので、サダム・フ

図 13　二一世紀のイラクにおける戦争

セイン政権を排除するための戦争には速やかに勝利した。二〇〇三年三月二〇日に攻撃が始まり、四月九日にはバグダッドが有志連合軍によって確保された。しかし、戦闘の結果生じたイラク民間人への付帯的被害のために、その後に有志連合軍が直面する困難が増大した。同様に、侵攻ののちにイラクの一部で起きた秩序と経済の崩壊も状況を悪化させた。フセイン自身はたしかに順当に捕らえられ（二〇〇三年一二月一四日）、処刑されたが、戦争目的は達成されずに跡形もなく消えてしまった。なぜなら、戦争の名目は大量破壊兵器（WMD）の除去（実際にはまったく発見されなかった）と、米国を標的としたアルカイダのテロ行為においてフセインが果たしたと考えられた役割への報復（しかし関与の事実は存在しなかった）だったからである。経済的、軍事的に重要な地域における米国の支配は強化されたと言えるが、こうした地域でもそのコストは大きかったし、状況が不安定なために成果は決して明白ではなかった。

WMD問題で恥をかいた米国は信頼を失い、かなりの国際的非難を浴びて孤立した。そのうえ、戦争初期の二〇〇三年には米国主導で勝利が得られたものの、その後に続いた長く苦痛に満ちた戦いは、非常に大きな傷を残すことになった。二〇〇六〜〇七年に米海兵隊アドバイザーとしてイラク軍と連携したウェズリー・グレイは、戦争において達成できることには限りがあることを反映して、決意の固い反乱軍と戦う際に、世界に冠たる超大国でさえ直面することになる困難を明らかにした。「すべてのアメリカ人が支払う税金のうち、およそ二〇パーセントが防衛予算に費やされる。それなのに、二〇ドルしかもたないような、大した教育も受けていない羊飼いたちが、イラクのいたる所でわれわれを打ち負かすことができる」[51]。サダム・フセインの残酷な政権の恐怖を忘れることはできない。しかし、二〇〇三年三月以降に流された血も忘れるべきではない。ジャクソンらが検討しているように、一部の推計によれば、イラクでは有志連合侵攻後から二〇一〇年夏までに民間人だけでも一〇万人近くが死亡、また有志連合兵士と民間請負業者は同年までに六〇〇〇人以上が殺害されている[52]。

加えて、テロとの戦いの明確な一環として、イラク侵攻はそのコストを正当化できるほど十分な成果を出したとは言い難い。研究者の見解は、こうした見方をくり返し肯定するように思われる。ポール・ウィルキンソンによれば、

> イラク侵攻の是非はどうあれ、アルカイダに対する大勝利と主張することは不可能であろう。それどころか、イラク侵攻はビン・ラーディンにプロパガンダの材料を無償で提供し、彼は侵攻をイスラム世界に対する欧米帝国主義の行動として描くことができた。より多くの新兵をアルカイダの「聖戦」[53]に動員することができ、より多くの寄付を金持ちのアルカイダ支援者から得ることができた。

マーサ・クレンショーによれば、「イラクの占領は、アルカイダとその同盟者や関係組織によるテロを煽(あお)った[54]」。またルイーズ・リチャードソンによれば、イラク戦争は「米国が中東の資源を搾取し、中東の政治を支配するための地域拠点を確立しつつあると信じるようになった若いジハード主義者の世代全体を急進化させた[55]」。そのうえ、この展開――イラク侵攻がジハード主義を刺激し、

一部の者にとってはジハード主義をいっそう正当化することになった——は、米英の情報機関によって的確に予想され、また侵攻のあとで明確に認識された可能性であった。

　対テロリストの実務家は、この点について学究的な観察者に共鳴する傾向がある。一九九六〜九九年のCIAビン・ラーディン専門部隊を率いたマイケル・ショワーは、九・一一以後の米外交政策によって「イスラム教徒の反乱軍の殺害を上回る速度で反乱軍が増えた」と述べている[56]。侵攻当時のイギリスの非常に優秀な安全保障・情報問題調整官、デイヴィッド・オマンドも同じく率直にこう述べている。「イラクへの介入は、情熱にさらに燃料を与え、アルカイダの世界観にいっそう多くの支援者を引きつけている」[57]。二〇〇二〜〇七年のイギリス保安局（MI5）長官、エライザ・マニンガム＝ブラーは、イラク戦争がイギリス国内にいる多数のイスラム教徒の急進化を後押しし、そのために国内におけるテロ攻撃の脅威が高まったと確信していた。彼女は二〇一〇年七月二〇日のイラク戦争調査委員会（イギリス）において、欧米諸国が反イスラム政策をとっていると考える国内出身テロリストからの脅威の高まりによって、情報機関が「圧倒される」ようになったと述べた。イラク戦争へのイギリスの関与がイギリス国内におけるテロの脅威をどれほど高めたかと尋ねられると、マニンガム＝ブラーは「大いに」と答えた[58]。

　というのは、イラク戦争が始まると、アルカイダとその同盟者にとって、彼ら自身のジハード主義の暴力はイスラム教徒に対する欧米の残虐行為と不法からの正当な防御であり反応である、と主張することが実に容易だったからである。そのため、侵攻のあとでは、イスラム集団による、死者を出すジハード主義のテロ暴力の水準が劇的に上昇した。欧米に対する脅威が高まり、当然ながらイラク国内でのテロの暴力も桁外れに増加した。ピーター・ベルゲンが指摘しているように、「二〇〇三～〇七年のイラクでは、一九八一年以降にイラク以外の全世界で起きた自爆テロの合計よりも多くの自爆テロが行われた[59]」。

この議論の要点は、アフガニスタン紛争とイラク戦争を、その正当化や性質において同一のものとして提示することでも、確かな合理的根拠や実体のある成果がないと指摘することでもない。むしろ、その要点は、テロとの戦いの一部を構成する戦争として宣言された役割という観点から、その逆効果のダイナミクスによって、なぜイラク戦争があまりに多くの挫折に見舞われたかをある程度まで説明することができると立証することである。なぜなら、二一世紀初めのアフガニスタン紛争とイラク戦争は、テロ対策に関する研究文献によって確立されたパターンに合致するからである。テロリズムそのものに対処する際には、とりわけ対応の主たる手段として利用される場合には、軍事的手段は特段効果的ではないという事実に基づくパターンである。この意味で、九・一一以後の米国主導のテロとの戦いにおける軍事の大幅な重視が賢明でなかったことは、ほぼ間違いなかった。イとくに敵対的な世論の創出という点で、テロリストたちを大いに利することになったのである。イラクとアフガニスタンにおける米国の大規模な関与後の、さまざまなイスラム教国における対米姿勢に関して、敵に塩を送った証拠はたくさんある。

テロリズムとの戦いに軍事力を行使する決断をしたことで知られる人物でさえ、その予期しないコストを時に認めている。九・一一以後の自身の政策に関して、トニー・ブレアはテロリズムと「軍事的」に対決するという選択についてこう言及した。「私は今でも、それが正しい選択だったと信じている。だが、その代償と意味、そして帰結は、あの日誰にも、確実に私には、把握できなかった」[60]。また大雑把に言えば、実際上のテロの脅威にとっては、警察を中心とする対応の方がはるかに適切なものかもしれないと論じることができる。テロリズムは、一般的に警察と情報機関の職域にあるべきだと私は思うし、この点は元ニューヨーク市警テロ対策担当委員のマイケル・シーハンも認めている。「九・一一以降、我が国を守る最も重要な仕事は、九・一一以後に獲得した新しい能力によってではなく、事件が起こった時点で存在した能力によって達成されている」[61]。

原則4　インテリジェンス

この点から、われわれはテロとの戦いに関する第四の原則に導かれる。すなわち、テロ対策を成功させるには、インテリジェンスが最も重要な要素であると認めることである。やはり、この点についても実務家と学者の議論は一致する傾向がある。すぐれたインテリジェンスの収集と（鋭い洞察による）解釈は、相手とするテロリストは誰なのか、彼らは実際のところ何を求めているのか、彼らの強さと弱さ、不和はどこにあるのか、いつどこで何をしようと計画しているのか、なぜそうした行動をとるのか、またどういう理由で行動をやめる可能性があるのかを知るために必要な基礎となる。デイヴィッド・オマンドが賢明にも述べているように、

すぐれた予防的インテリジェンスは、共同体を安心させることができる。横柄で差別的な手段――実効的な治安維持とテロ対策に欠かせない、共同体内における適度な支援を失わせてしま

う――に頼ることなく過激派を取り除き、潜在的な攻撃を妨害することによってである[62]。

しかし、驚くべきことに、米国の諜報活動は、イラク（二〇〇三年の侵攻直後およびそれ以前）でもアフガニスタン（同じく二〇〇一年の侵攻直後およびそれ以前）でも、またこれらの戦争の枠を超える、より広範な九・一一以後のテロとの戦いにおいても、深刻かつ有害な欠陥を露呈した。一九八九年のソ連のアフガニスタン撤退以降、米国による情報収集は一〇年間ほとんど行われなかったのである。もし諜報活動がもっと行われていたら、九・一一同時多発テロは起こらなかったかもしれない。

原則5　民主的な司法手続き

第五に、効果的な対テロ政策は、伝統的な法的枠組みに敬意を払い、民主的に確立された法の支配を遵守すべきである。九・一一のような途方もない凶行のあとでは、民主国家を司る通常の抑制を緩和し、法の保護とプロトコルの利用を省こうとする衝動があるのはもっともである。しかし歴史が示すように、非国家テロリズムに対抗するうえでは、自らを抑制するルールと法的枠組みの遵守がより有益である。ひとつの理由としては、多くのテロリストが、政治的権利と市民的権利、人権の自由を否定する国家から登場し、過激化し、激情に駆られているということがある。ローラ・ドノヒューはテロ対策を慎重に評価しつつ、次のように結論づけている。国家がテロリストの挑戦に対して合法的に対応する場合の最善の方針は、「抑制の文化」（culture of restraint）を採用し、「非常に例外的な状況においてのみ」特別な手続きによって法案を可決し、適切な説明責任メカニズムを確保したうえで、行政権の司法領域への拡張に抵抗することである、と。[63] 多くの証拠が示すように、総じて民主的に確立された法的規則と慣例の違反は道義的に疑念が残り、また実際に逆効果でもある。

米国主導のテロとの戦いで起きたことの多くは、なるほど適切な法的プロセスへの執着を反映している。二〇〇一年一〇月末に導入された通称米国愛国者法（USA PATRIOT Act）は実に大幅に国家権力を拡張しており、同法は批判を受けかねないものであった。同法によって、電子メールの傍受、人々の銀行口座の捜査、電話の盗聴、さらにテロリスト集団の資金調達に関わったとして告発された移民の国外追放許可などに関連して、いまやいっそうの監視が容易になったのである。しかし、九・一一同時多発テロの規模が大きかったため、さらなる監視のために法的枠組みを確立すること自体は、必ずしも判断を誤ったとは言えない、と私は思う。また、こうした権力の拡張が、実際にテロリストの暴力に対する戦いにおいて、時に人の命を救うということを認めるべきである。

しかし、テロとの戦いにおける出来事の一部は、明らかに適切な程度を大きく超えて進んでおり、おそらく、長期的に見てポジティヴというよりもネガティヴな結果をもたらしている。ベルゲンや他の研究者が示しているように、強制的な取り調べ手法は、時に拷問との区別がつかなくなるおそれがある。また恣意的な拘留と超法規的な殺人、秘密刑務所の維持、たび重なる拘留者の虐待などの事例でも、基本的人権の侵害および適切な法的慣例の違反が明らかであった。[64]

テロリズムとの戦いに悪影響を及ぼす同時代的な損害だけが問題なのではない。もっとも、世論の支持が重要な資源となる競争においては、こうした損害は十分深刻になりうるが。拷問の疑惑や、拷問に加担したという疑惑は、リベラルな民主国家が非リベラルな敵テロリストに対峙する際、その信頼性を損ねる可能性がある。二〇〇三〜〇七年に拘束されたアルカイダの容疑者に関して公然となされた主張は、まさにこの一例であった。彼らはパキスタンの統合情報局（ＩＳＩ）によって拷問を受けたとされ、その後イギリス保安局の取り調べを受けたが、イギリス側は事前の拷問について知っており、したがって共犯関係にあるとされた。[65] イギリス当局は実際に拷問を容認したことを強く否定しているが、拷問に共謀したという疑惑は根強く有害なもので、それはＣＩＡに対してなされた同様の申し立てについても同じである。[66]

しかし、のちのちまで続く損害は、おそらく後世にならなければ明らかにはならないであろう。五〇年も経てば、非国家テロリストが二一世紀初頭に欧米諸国に対して実行した残虐なテロ攻撃の大半は忘れられてしまい、大いに議論されなくなるのではないかと思う。むしろ、こうしたテロ行為に比べればはるかに悪質性の低い、テロとの戦いの最中に起きたグアンタナモ湾やアブグレイブ刑務所での事件のほうが記憶に留められ、くり返し議論され、何度も詳細に報道され、一連の事件を監督したリベラルな民主国家の評判を毀損する手段として利用されるのではないだろうか。

グアンタナモ湾の拘置所は、アルカイダとの関わりを疑われた者を収容するために、九・一一のすぐあとに事実上の収容キャンプとして（キューバの米軍施設に）設置された。米国にほど近いが、グアンタナモには収監に抗議する権利などの伝統的な米国法が適用されない。この収容キャンプによって、裁判やジュネーヴ条約〔傷病者や捕虜の待遇に関する国際人道法〕の保護なしに、無期限に収容される容疑者の拘置と尋問が可能になった。この施設に収容されていた者の一部は無実であった（ただし、一部はたしかに有罪であったということも強調すべきである）。しかし、いずれにしても、欧米の大国がイスラム教徒の抑留者を屈辱的な待遇で収容し、米国がいみじくも誇る法的保護の原則を適用しないという、きわめて大々的に報道された一連の行為は、とくに収容者に対して殴打がくり返された有力な証拠があることを考えると、テロとの戦いにおける米国の大義にとってきわめて有害であった[67]。二〇〇七年に英BBCが二五ヵ国二万六〇〇〇人以上を対象として行った世論調査では、一〇人中七人がグアンタナモの収容者の待遇を非難している[68]。

グアンタナモでの収容は逆効果であったという見解は、いまや代表的な専門家たちから幅広く支持されている。二〇〇四年にアブグレイブに関する報道が現れた時には、同様のパターンがくり返される可能性が高いと思われた。バグダッドの西郊外に位置するアブグレイブ刑務所は、かつてサダム・フセイン政権下で残酷に運用され、多くの死者を出したが、二〇〇三年八月、旧イラク政権の関係者および一般犯罪者の収容所として米国によって再開設された。二〇〇三年末には七〇〇〇人ほどの収容者がいた。米政権は当初アブグレイブの収容者の虐待を完全に否定したが、二〇〇四年四月には、米兵による収容者虐待の写真が公になった。虐待の手段には、頭を覆うフードをかぶせる、睡眠剥奪、緊張姿勢の強制、犬を用いた威嚇、性的恥辱、殴る蹴るといった暴行、収容者を裸にする、低電圧の電気ショックの利用、壁に鎖で縛りつけるなどが含まれていた。

現実は、米国の施政下にあるイラク刑務所管理体制の一部が無秩序な状態に陥り、そこで起こっていることがほとんど監督されず、すべきこととすべきでないことについての指針が不十分だったということである。アブグレイブでの出来事は残虐かつ不快なもので、当局者にとってほとんど利益がなかった。一方で、一連の事件はテロとの戦いという枠を超えて米国の評判にのちのちまで残る傷を残し、また九・一一以降のアルカイダによるテロの犠牲者の名が忘れられてからずっと後まで、損害を与え続けるであろう。なぜなら、アブグレイブでの事件によって、米国によるイスラム教徒とアラブ人の蔑視が根深いものであることが白日の下にさらされている、と見なされたからである。また、そもそも欧米諸国から受けた屈辱が反欧米のテロリズムの主因のひとつであり、イラク戦争はそうしたテロリズムを抑え込む手段とされていたことを考えると、アブグレイブの事例は甚だしい大失態であった。

原則6　安全保障に関連する措置の調整

非国家テロリズムとの戦争に勝利するためにわれわれが遵守すべき第六の原則は、安全保障と財政、技術に関する予防措置を調整することである。テロ対策は、国家間だけでなく国内の困難な調整をめぐる問題を必然的にともなうであろうし、九・一一以降、この点について多くの改善が進んでいる。愛国者法は、米国内においてＦＢＩとＣＩＡの間のより速やかな情報伝達を促進した。二〇〇五年七月七日のロンドンにおけるテロ攻撃のあとで、イギリス国内でも、より調整されたアプローチが登場した。大々的に報道された問題があるとはいえ、米国とヨーロッパの情報協力は、九・一一以後の年月に一定の進捗を見ている。また、九・一一以後の一〇年間には、欧州連合そのものが対テロリストの領域ではるかに積極的になり、欧州連合加盟国間での重要な協力と調整が進んでいる。しかし、ハビエル・アルゴマニスが慎重に示しているように、欧州連合内では、テロリズムはしばしば国境を超える問題ではなく、各加盟国の問題として捉えられており、欧州連合の各所で政策の一貫性に関する多くの問題が残されている。予想されたことだが、各加盟国の目標は時に互いに衝突することになり、必ずしも信頼が増すというわけではなかった。テロリズムに対する行動をめぐっては、国家レベルと欧州連合の超国家レベルの間で緊張が続いており、この緊張は短中期的な将来にも持続する可能性が高い(69)。

むろん、テロとの戦いにおける調整の問題は、人間の営為に関わる他の複雑な領域における調整の問題と同じく、完全に解決される見込みはない。したがって何が可能かを現実的に考えることが重要である。それにもかかわらず、欧州連合の事例は、重要な問題がまだ残っていることを思い出させてくれる。国家間の協調は、米国とその同盟国によるいくつかの行動のために、九・一一以後に大きく損なわれた。加えて、米国内において調整が試みられ、かなりの進展が見られたにもかかわらず、こうした試みの一部がどこまで練られたものだったかについては、大きな課題が残されている。少なくとも、九・一一以後の国土安全保障に関する大幅な支出増加の調整が十分に実効的な結果を生んだかは疑わしいように思われる。ミュラーとスチュアートによれば、「どんな合理的な費用対効果の基準によっても、資金の大半が浪費されており、別のかたちで資金が使われていれば、はるかに生産的だった――ずっと多くの命を救った――であろうと思われる」。また、「九・一一以後に増加した国土安全保障費のほとんどは費用対効果評価に合格しないと思われるし、一部は基準を大幅に下回るであろう。数十億ドルが浪費されたように見えることは確かである」。テロ対策に関してしばしば当てはまるように、過剰反応を避けることこそが最も賢明なアプローチであるという判断なのである。「過剰反応の回避は支出を一切必要としないが、考えられるかぎり最も費用対効果が高いテロ対策である」[70]。

原則7　公の議論で信頼性の高さを維持する

最後に、対テロをめぐる公の議論で信頼性の高さを維持するという課題に、テロとの戦いはどれほど成功しているであろうか。敵テロリストを支援していると推定される支持基盤、また自国の普通の有権者においては、共に信頼性とそれに関連する正当性が非常に重要な資源である。テロリストの脅威に直面して、しばしば対応の根拠を誇張ないし歪めたり、まことしやかな根拠を提示したりする圧力があり、その結果として信頼性を失ってしまう。テロとの戦いの記録は、このことを如実に示している。なぜ九・一一で犯人たちは米国を攻撃したのかと問いかけ、当時のジョージ・W・ブッシュ大統領はこう答えた。「なぜ彼らはわれわれを憎むのだろうか。……彼らはわれわれの自由――信教の自由、言論の自由、投票と集会、意見を異にする自由――を憎んでいるのである」[71]。しかし、現実には、イスラム世界における米国やその他の欧米諸国の政策に対する敵意、背教的とされるイスラム政権に対する特別な怒り、かつて欧米諸国から受けた屈辱に対する報復願望、イスラムの復興という希望、また一連の個人的な報酬の充足がより重大に絡まり合って、その凶行をより説得力のあるかたちで説明していた。

二〇〇一年およびそれ以後に示されたように、テロとの戦いそのものが、それ以外の点でも信頼性を欠いていた。グローバルな影響力をもつテロリスト組織をすべて壊滅することはほとんど達成不可能な目標であり、ブッシュ大統領自身でさえ、テロとの戦いに勝利することはできないと結局は認めたように思われる。

また、テロとの戦いという表現ですら、有益ではないと見なされるようになった。イギリスの当局者は二〇〇六年にひっそりとその使用をやめ、二〇〇九年一月にはデイヴィッド・ミリバンド英外相が、「テロとの戦い」という用語は「ウサマ・ビン・ラーディンとアルカイダに象徴される、統一された越境的（トランスナショナル）な敵」という誤解をまねく「印象」を与えたが、その一方でテロリストの実態には共通点がない、と指摘しさえした。「われわれがテロリスト集団をひとまとめに扱い、穏健派と過激派、ないし善と悪の単純な二元的な戦いとして戦線を引けば引くほど、ほとんど共通点のない集団を統一しようとする者たちの術中にいっそうはまることになった」。「テロとの戦い」という表現は、「適切な対応は主として軍事的なものだと示唆」することにもなって有益ではなかったとミリバンドは主張した。[72] このミリバンドのコメントが掲載された記事は、米国のブッシュ政権がバラク・オバマ政権に取って代わられる直前に発表されたが、後継のオバマ政権は、実際にテロとの戦いのレトリックを控えめにし、事実上この表現を使用しなくなった。

もしかすると、欧米の信頼性に影響を及ぼしたテロとの戦いの最も有害な側面は、イラクでの戦争に関係していたかもしれない。より具体的には、イラク侵攻をテロとの戦いに必須の戦場として正当化するやり方が、米国の信頼性にのちのちまで残る損害を与えたのである。なぜなら、この戦争を正当化する以下三つの主要な根拠のうち、どれひとつとして本当に説得力があるとは思われなかったからである。

第一に、大量破壊兵器（ＷＭＤ）のせいでフセインが大きな脅威になっていると主張されたが、米国のインテリジェンス・コミュニティーは、二〇〇二年にはイラクのＷＭＤ計画を実は過大評価しており、イギリスのインテリジェンス報告にも重大な欠陥があった。実際には、フセインは世界にとって、ブッシュとブレアの戦前のレトリックが示唆していたよりも小さな脅威でしかなかった。侵攻当時に国務長官を務めていたコリン・パウエルが侵攻のあとで腹立たしげに認めたように、イラクのＷＭＤに関する米国の推計が基づいていた情報とその情報源は、実は嘆かわしいほどに信頼できないものであった。しかし開戦前には、パウエル自身、イラクが生物・化学兵器などのＷＭＤを確実に保有し、フセインにはこれらの兵器を使用する用意があると主張していた。非常に決まりの悪いことに、存在するはずのＷＭＤが戦後にイラクで発見されなかった時、この主張は誤りだったと判明した（思うに、フセインが欧米諸国に対して非常に敵対的であるのに加えて、ＷＭＤ能力を高めることを望んでおり、彼がこうした兵器能力を獲得する前にその政権を崩壊させるのが賢明であると論じたほうが、説得力があったのではないか。しかし、このアプローチは、イラクに対する予防的かつ防勢的なホッブズ的先制攻撃の必要性について大衆を説得するという点では、大衆への影響力がはるかに小さかったであろう）。

第二に、これに関連するイラク侵攻の根拠は、フセインがアルカイダやその他のテロリスト集団と繋がって結束しており、したがってフセインが保有するとされたＷＭＤの脅威がなおさら重大であるというものであった。ポール・ウォルフォウィッツ米国防副長官が二〇〇二年五月に述べたように、「核兵器や生物・化学兵器を用いた九・一一のようなテロ事件が起きるまで待って、それから犯人を探しに行くことなどできない」というのである[73]。ブッシュ政権は、フセイン政権がアルカイダと直接的なつながりを有し、同盟関係にあるかのように描き出した。また実際には事実ではなかったが、フセイン政権がアルカイダを支援し、それどころか九・一一に直接関わっていたのだと、多数の米国人（一時は大多数を占めた）を説得することに成功した。ブッシュ大統領は、二〇〇四年にこう述べている。「イラクおよびサダム・フセインとアルカイダが通じていたと私が主張し続ける理由は、イラクとアルカイダが通じていたからである」(74)。

結局、ブッシュ政権は、実際にはフセインとイラクを九・一一と結びつける証拠がなかったこと、またフセインとアルカイダが実は同盟関係になかったことを認めた。それどころか、ウサマ・ビン・ラーディンは、本当はサダム・フセインに対して長く敵対的だったし、そのことが昔から知られていたのである。

第三の議論、フセイン政権が残忍な政権であり、暴君であるフセインを追放して、その支配から人々を解放しなければならないという議論は、米国がすべての残忍な暴君を追放したわけではなく、それどころか、都合が良いと思われる時にはフセイン本人と友好関係にあったという事実を前にして説得力を失った。

決してイラク戦争による恩恵が皆無だったというわけではないし、説得力ある論拠がひとつもなかったというわけでもない。そうではなく、イラク戦争をテロとの戦いに欠かせない必須の一部として擁護する言葉が信頼性を欠き、その後の年月に米国とその同盟国の議論を——のちのちまで——損なうようなかたちをとった、ということなのである。その結果として信頼が失われてしまい、失われた信頼を取り戻すのはおそらく困難であろう。

本章では、テロとの戦いの成功を数値に基づく月並みな表現で検討するのではなく、なぜ一部の失敗が実際に起きたのかを——歴史に基づく、テロ対策のフレームワークに照らして——評価することを試みてきた。九・一一以後のテロリズムとの戦いでは、大きな成功もある。しかし、テロと戦う米国とその同盟国は、前述した有効なテロ対策のための七原則から逸脱して、この重要な戦争の効力を大いに損なっていた。そして、このことが、本章で示唆した、より広範に及ぶ論点を補強している。すなわち、戦争では複雑な政治的、経済的、社会的、またその他の変化が達成されるが、こうした変化は破壊的なまでに凄まじい犠牲を払って獲得されただけでなく、近年では往々にして稚拙な（そして回避可能な）逆効果を生じるかたちで得られてきたのである。

結論——戦争とテロリズム、将来の研究

近代戦争に関する著作の執筆を終えるにあたって、グレアム・グリーンの『第三の男』で描かれた第二次世界大戦後のウィーンからまざまざと想起される、何かやるせない、半ば虚無的な痛恨の念が湧いてくる。目は「無気力で、疲労して」いるように感じられ、気分は「もの悲しげに、じっとこらえていた」といったところである。これまで私たちを虜(とりこ)にしてきた物事や人々に幻滅を覚える。結局は「醜悪な物語」であり、「陰惨で、もの悲しい」ように思われる。「考えてみれば、我々はみんな憐れである」[1]。

しかし、気が滅入るような近代戦争が歴史的現実として存在し、戦争が将来にわたって恐ろしいかたちで存続するのがほぼ確実であるとしても、この重要なテーマに関して将来の研究をどのように進めていくのが最善かを問うのが、われわれがとるべきより前向きな姿勢である。以下の短い結論では、現在、このテーマの研究にともなうように思われる三つの重要な困難を指摘するとともに、将来の研究計画(アジェンダ)においてこの三つの困難に対処する実践的な方法を示唆したい。

第一の問題は、近代戦争に関する研究分野の無益な細分化である。このテーマについて、ますます専門的な知見と洞察をともなって、多くの先駆的研究がなされているのは、われわれにとって非常に有益である。しかし、いまや研究分野が非常に細分化されてしまい、近代戦争という現象を概観する読書や理解がきわめて難しくなっている。こうした細分化は、事例研究の専門家（スペシャリスト）と視野の広い総括者（ジェネラライザー）の間や、異なる時期や地域を対象とする研究者の間、さまざまな学問分野の間、さらに同じ分野で競合する下位の専門分野の間（たとえば、国際関係論の分野では実証志向と理論志向の間）でもみられる。また純粋に学者を読者として想定する者と大衆のための学問をめざす者の間にもみられるのである。

細分化の問題は本書にも影響を与えている。この影響は、本書で共に参照される学問分野の範囲（歴史学、政治学、国際関係論、社会学、哲学、人類学、経済学、神学、心理学、文学、法学）や、本書において世界の多くの地域が実質的に登場しないという事実などのかたちで現れている。言うまでもなく、小著では省略をせざるを得ない。同様に自明のこととして、少なくとも学問的な蛸壺から踏み出して、私がしたようにさまざまな学問分野を幅広く利用する本書のような小著にも、何らかの価値があると判断されるかもしれない。

しかし、この細分化という問題については、無益なほどに断片化し、分裂してしまった研究分野をひとつにまとめるよう努めるために、すべきことがもっとある。なぜなら、近代戦争についてはこの細分化がいっそう度を増すからである。というのも、本書で論じたように、近代戦争はナショナリズム、国家、帝国、宗教、経済、テロリズムといった他の重要な現象と結びついたものとしてでなければ理解することができないのである。そして関連する各テーマにそれぞれ独自の専門文献があり、これらの文献はいずれも非常に膨大に存在し、研究者を夢中にさせるものである。

それでは、何をすべきなのであろうか。関連するさまざまな学問分野の側での謙虚さと、その結果としてわれわれ皆がアプローチの方法論的多元主義をとることから出発することがおそらく必要であろう。歴史家は、（広範な読書に基づいて）多くのすぐれた政治学者が特徴とする概念の鋭さ、仮説に導かれる議論の力、体系的な比較分析、また統計的に精緻な方法論を追求する野心の価値を認めなければならない。政治学者は、（やはり関連文献に深く浸ることで）偶然なもの、文脈に依存する複雑なもの、個別に規定されるもの、また独特なものに関して歴史家が重要なかたちで強調していることを賞賛しなければならない。歴史家と政治学者は、神学者の深い思索と明確な洞察を考慮しなければ、宗教に基づく説明の価値が損なわれることを、共に認識しなければならない。哲学者と歴史家は、戦争に関する研究において共通の問題を扱う際には、互いに現在よりも持続的かつ有機的な対話（またさらなる方法論の共有）を行うべきである。さらに、学界には慣例的にかなり蛸壺化する傾向があり、いたるところでこうした対話が必要である。

このことは、研究者やそれ以外の者が読む量、彼らが発展させ、没頭する文献目録の性質、次世代の研究者を育てる方法論的手法、また大学の研究所と学科の組織（またそのセミナー・講義シリーズ、学会、雑誌）に影響を及ぼすことになるであろう。こうした意図的な努力がなければ、分極化が続き、それは無益なことであろう。現在、近代戦争を対象とする著作に含まれる文献目録の多くは、著者自身が所属する分野外、同じ大学キャンパスの他学科で確立された知見について、気が滅入るほどに無知なままである。

また同時に、個人レベルでも一歩前に進むことができる。特定の歴史的紛争に関する非常に詳細かつ直接の知識に照らして、戦争に関する視野の広い議論を大胆に検証する用意が研究者にあるなら、暴力に関するミクロ・レベルを対象とする専門家とマクロ・レベルの議論の間でくり返される断絶に挑戦することが可能である。こうした挑戦はかなり珍しいが、もっと行われるべきである。第3章で参照したウィルソンとワインスタインの著作は、一次史料への深い没頭と一般的な仮説――これらの事例では、なぜ一部の紛争状況では他の場合よりも暴力が悪化し、残忍なものになるのかという疑問に関係するもので、明らかに類似した仮説となっている――を組み合わせるとどんなすぐれた研究ができるか、という第一級の事例を提供している[2]。将来の研究の傾向という点では、たとえば第一次世界大戦や第二次世界大戦そのものについては、おそらく将来の研究は相対的に必要ないであろう。それよりも、(たとえば)これらの世界大戦のひとつが始まった特定の原因が、大規模な戦争が始まる理由に関する全般的な議論に対して、どこまでより広範に教示(ないし挑戦、洗練、粉砕)するかを評価する試みが必要なのである。これに関連する分野で、かつて私自身も、ナショナリズム自体のダイナミクスに関する議論に照らして、アイルランド民族主義者の特殊性を説明しようと試みたことがある(拙著『アイルランドの自由』)。これは、単なる特殊主義にも、文脈から切り離された非歴史的な一般化にも堕するのを避ける試みの一例である。

人々の記憶と歴史的現実との乖離

第二の問題は、本書で何度も指摘されているような、戦争について人々が主張したり記憶したりしていることと、実際の歴史的現実の間の乖離にある。これに関連して研究の機会と必要性があるということでもある。参戦の理由は、（一九一四年のイギリスのように）しばしば真の動機とはせいぜい部分的にしか一致していない。戦争が始まったあとで人々が戦う理由は、戦後にたいてい誤解をまねくようなかたちで高尚な理由に変えられる（第二次世界大戦で連合国が戦ったのは、ヒトラーからユダヤ人を守ることに専心していたためだったとされたように）。抑圧からの解放をもたらすためには、革命の暴力が必要ないし決定的であったというわれわれの考えは、しばしば甚だしい単純化をともなう（イギリス帝国終焉の事例のように）。軍事力に支えられた覇権が植民地に大きな恩恵をもたらすであろうという帝国の擁護者の主張は（再び、イギリスの事例で十分であろう）、やはり骨の折れる精査により、往々にして露と消えてしまう。非常に有名な戦争のパターンでさえ、いつまでも誤って伝えられることがある（第一次世界大戦について、われわれがほとんど決まって塹壕というレンズを通して理解するように）。

これらのくり返される乖離を前にして謙虚になることが、結局は将来の研究に豊かな成果をもたらしてくれるであろう。今後の研究課題は、認識と現実の不一致そのものを対象とするというよりも、乖離がこれほどまでにくり返される理由、また戦争について――なぜ戦争が起こるのか、なぜわれわれが戦争を戦うのか、本当の経験はどのようなものか、また戦争が達成すること、達成しないことについて――正直に語るのがこれほどまでに難しい理由を説明することである。

この点について登場しつつある研究の一側面は、もしかするとわれわれが将来の戦争を予想する際に（研究に実践的な価値があるとすれば、これは重要な問題である）、長期にわたる正直な歴史的記憶の必要性を高めることになるかもしれない。アフガニスタンやイラクを研究対象とする第一級の歴史家のうち、米国政府がそれぞれ二〇〇一年と二〇〇三年に提示した、二つの戦争とその戦後の状況に予想されるシナリオが本当に実現する可能性があると思っていた者は、いったいどれぐらいいたであろうか。これに関連する別の次元として、兵士の動機および戦時経験の偶然性と複雑性のために、将来（そして過去）の戦争に関する目的論的解釈は非常に疑わしいものであると判明するかもしれない。

戦争の一形態としてのテロリズム

第三に、近代戦争の研究は、非国家テロリズムが戦争の下位区分のひとつであるという事実についてのみならず、より重要なこととして、伝統的な戦争で起きたことの多くが本質的にテロリズム的であったという事実についても、もっと正直になるべきであると私は考えている。多くの人は戦争とテロリズムを区別し続けることが望ましいと考えるであろうし、そう考えることには多くの理由がある（その一部は適切な理由である）。しかし、政治目的のためにテロの暴力を利用することは、近代戦争で起きることの一環として何度も登場してきた。また、マイケル・フェルマンらが論じているように、[3]「テロリズム」という言葉が非国家集団と非戦争の文脈に言及するためだけに用いられるのであれば、それはあまりに限定的であると認めるべき説得力ある理由がある。

歴史的、分析的な誠実さという問題が重要である。戦争における国家実行（ステイト・プラクティス）には、テロの暴力や恐怖を催させる効果があると知られている暴力、明白な政治目的をともなう暴力の意図的な利用が頻繁に含まれたりしないという指摘は、完全に事実に反する。まさにこうした国家によるテロの暴力という現象には、近代を通じてきわめて多くの事例がある。国家が戦争のなかで政治目的をもって意図的にテロの暴力を用いたり、国家のために戦争遂行に参加する者が、戦争はこうしたプロセス――政治目的のためにテロの暴力を利用することをともなうプロセス（カーショー[4]やボール[5]、バーリ[6]、またストローンとシャイパース[7]の著作のように、本書で言及したすぐれた著作の多くから明らかなプロセス）――に他ならないとはっきりと見なしていたりする事例は多いのである。したがって、単に国家が反乱者や抗議者に対して意図的にテロを用いるというわけではないし（ただし、国家はこうした場合にテロを用いるが）、国家の政治的利益に合致する場合には非国家テロリストと同盟しただけというわけでもない。国家による戦争遂行の際に実際に起こることは、それ自体がテロリズム的である。また国家は、われわれがいみじくも戦争と呼ぶものにおいて、またそれに欠かせない一環として、テロの暴力を政治目的のために意図的に用いるということでもある。一九四五年の広島と長崎への原爆投下から、米国と同盟国による二〇〇三年のイラクでの「衝撃と畏怖」攻撃、またこの小著で取り上げた多数の事例にいたるまで、戦争で起こることの多くは、テロリズムと呼ぶに相応（ふさわ）しい暴力なのである。

将来の研究枠組みにおいて、この点を正直に認めることには、もしかすると実益もあるかもしれない。なぜなら、戦争における国家の行為から「テロリズム」や「テロの暴力」という用語を切り離すことは、多くの戦争、とくに自国が遂行する戦争の残虐から、われわれの目を背けさせることになるおそれがあるからである。したがって、われわれは自らの行動（または、われわれを代表して行われること）の本質を徹底的に内省することから遠ざかり、その結果として、おそらくは暴力が用いられる可能性が高くなるのである。そうした暴力の一部は、実際に必要で正当なものかもしれない。それが正当な暴力であるなら、その暴力には実際に何が含まれるのかを認めよう。敵である非国家テロリストにわれわれが近視眼的な偽善者だと言わせないようにしよう。われわれ（ないし、われわれの政治的代表者）が主張するように、その暴力が本当に不可欠かつ有益なものであると確信するために、われわれの行為のテロリズム的性質について十分に正直になろうではないか。

この論点のひとつのかたちは、民間人の標的に関するものである。民間人を標的とすることは、しばしばテロリズムの決定版と見なされるが、戦争の決定版であるとはそれほど思われていない。現実には、本書で示されたように、伝統的な戦争において国家は民間人をくり返し標的にしてきた。マヤ・ツェーフスが示唆しているように、「戦争」は民間人を計画的かつ意図的に標的にしたりしない――民間人には戦争において非戦闘員としての特権がある――という巧妙な虚構があることによって、実際には戦争が容認可能かつ合法なもので、また正当化されうると思われることになってしまうかもしれない。したがって民間人が意図的に標的にされたりしない空間として戦争が誤って伝えられたり、健全に見せかけられたりする。またその結果として、より多くの人々が苦しむことになるかもしれないというおそれさえあるのである。[8]

自国がしてきたことについて正直であれば、非国家集団による民間人を標的とするテロの暴力を（私の意見では、より正当に、厳然として、説得力をもって）非難することができる。それどころか、こうした正直さによって国家による民間人への暴力をいっそう抑制することになるならば、テロリズムの発生がおそらくきわめて大幅に減少し、その正当化の論拠も弱くなるであろう。民間人犠牲者に対する国家の非情と、多くの戦争において国家が現に行っていることを認めないという偽善が入り混じった結果、時にテロリスト集団にわずかながらも信憑性を与えているのである。

民間人を故意に標的とすることを別にしても（なお私自身は、テロリズムが必ずしも民間人への攻撃をともなうとは考えていない）、あまりに多くの近代戦争は過去も現在もその性質においてテロリズム的であるという事実を将来の研究のなかで正直に認めるならば、われわれは戦争を支持ないし戦争に従事することにいっそう躊躇（ちゅうちょ）するようになるであろう。もしかすると、これによってわれわれは非国家テロリズムにもっとうまく対応できるようになるかもしれない。テロとの戦争の一環として、アフガニスタンやイラクで行われたことの多くに、それ自体、米英によるテロの暴力がともなっていたと認めるのは気が重いことかもしれない。しかし、だからといって、それが事実ではないということにはならない。そして、非国家テロリズムへの対抗という点からみると、イラク戦争を回避していれば、兵站（へいたん）や専門知識・技能という実践的な観点から、また国際的にテロリズムと戦うなかで信頼を維持するという観点からも、有志連合がアフガニスタンで成果を上げるのに役立ったことはほぼ確実であろう。

では、われわれは戦争の定義を改めて、「テロリズム」を戦争の明確な一部として含めるべきなのであろうか。私は、再定義が必要だとは思わない。なぜなら、問題はすべての戦争がテロリズム的であるということではなく、むしろテロリズムが往々にして戦争固有の一部を構成するということだからである。戦争に関する理解を再検討する――将来の研究に向けた概念的・分析的アプローチにおいて、テロリズムがしばしば戦争中に行われることの一部をなしていると明確にする――ことで、われわれは近代戦争をより深く理解し、より正確に記憶し、近代戦争という現象の未来に関してより慎重な態度をとる助けとなるであろう。

訳者解説

本書はRichard English, *Modern War: A Very Short Introduction* (Oxford: Oxford University Press, 2013) の全訳である。なお、訳者が気づいた原書の誤記・誤植については、著者と相談のうえで修正している。また原書には注がないが、読者の便を考えて参照文献を示す注を加え、直接引用箇所については可能なかぎり頁数まで特定しておいた。なお、各章の節や小見出しも、編集者と相談して訳者がつけたものであることを付記しておく。

著者について

著者のリチャード・ラドロゥ・イングリッシュ (Richard Ludlow English) は、北アイルランド・ベルファスト生まれのクイーンズ大学ベルファスト政治学教授。アイルランド史およびナショナリズム、政治的暴力(ポリティカル・ヴァイオレンス)、テロリズムの政治と歴史を専門とする歴史家、政治学者である。一九九〇年からクイーンズ大学ベルファストで教鞭を執り、二〇一一～一六年にはセント・アンドルーズ大学のウォードロー政治学教授およびハンダ・テロリズム&政治的暴力研究所所長を務めたのち、副学長補としてクイーンズ大学ベルファストに復帰した。

著書の『武力闘争――IRAの歴史』(*Armed Struggle: The History of the IRA*、初版二〇〇三年、改訂増補版二〇一二年)は英国政治学会(Political Studies Association)の二〇〇三年最優秀図書に選ばれ、『アイルランドの自由――アイルランドにおけるナショナリズムの歴史』(*Irish Freedom: The History of Nationalism in Ireland*、二〇〇六年)は二〇〇七年にユアート・ビッグス記念賞を受賞した。なお邦訳書としては、マイケル・ケニーとの共編著(川北稔訳)『経済衰退の歴史学――イギリス衰退論争の諸相』(ミネルヴァ書房、二〇〇八年)がある。

イングリッシュは近年、アイルランド史からテロリズム研究に軸足を移している。この分野の単著としては『テロリズム――どう対応するか』(*Terrorism: How to Respond*、二〇〇九年)、『テロリズムは成功するか?――テロの歴史』(*Does Terrorism Work?: A History*、二〇一六年)を上梓し、編著に『テロリズムとテロ対策の錯覚』(*Illusions of Terrorism and Counter-Terrorism*、二〇一五年)、『オックスフォード版テロリズム・ハンドブック』(*The Oxford Handbook of Terrorism*、二〇一九年)がある。このほかにもテロリズム研究の研究動向を執筆しており、同分野の現状および将来を展望するうえで有益である。[*1]

著者は幅広い著作を学際的に参照しつつも、政治史家としての立脚点を重視している。歴史家には長期的視点、過度に単純化された理論への懐疑、文脈固有の要素の複雑な絡み合いの強調、厳密な史料批判、偶然性の重視という特徴があり、歴史的アプローチをとることにより、テロリズムなどの学際的な問題をめぐる論争に重要な貢献ができるためである。[*2] また著者は、テロリストを非合理的な狂信者として切り捨てるのではなく、その内的ロジックやダイナミクスに目を向ける。以上のアプローチは『近代戦争論』でも踏襲されており、本訳書の特徴となっている。

『近代戦争論』

オックスフォード大学出版局のVery Short Introductions（VSI）シリーズは、さまざまなテーマに関する一般読者および大学生向けの入門書であるが、同時に当該分野をよく知る者にも刺激を与えることが意図されている。イントロダクションでも触れられているように、『近代戦争論』はどちらかと言えば後者を意識しており、入門書としてはやや難易度の高い部類に入る。

本書は、規範的な議論を提示し、明快な答えを与える教科書ではない。近代戦争の定義、原因、経験、遺産という四つの論点を軸に構成されており、国家の次元から個人の次元までの幅広い問題を取り上げる。多分野の学術的な議論を紹介したうえで、著者は独自の議論を展開し、さらに将来の研究を展望する。本書を手がかりに自ら思考することが前提とされる入門書なのである。

以下、内容を簡単に紹介していこう。

第1章では、「近代戦争」の定義が問題となる。著者は、技術や戦術、規模、行政などの諸要素を検討したうえで、一八世紀末に歴史上の節目があり、ナショナリズムの登場とともに戦争における近代が始まったとする。近代戦争の特徴をなすのは、国民共同体と闘争、権力が絡まり合うダイナミクスである。

第2章では、戦争の原因と人々が戦う動機に加えて、戦争の終結と防止が論じられる。まず、ナショナリズムと国家、国際関係、帝国、宗教、経済が果たす、しばしば相互に関連する役割が考察の対象となる。戦争の原因は重層的であり、いずれかの要素が単独で必然的に戦争を引き起こすわけではないし、逆に戦争の発生を妨げるように作用することもある。これらの諸要素には戦争を正当化する言説としての機能もあり、実際の原因と正当化の言説は必ずしも一致しない。一方、人々が戦う動機は、国家が参戦する原因とは別の次元として存在し、表向きの動機、個人的な手段としての動機、感情的な動機が含まれている。

戦争は勝利によって終結することもあるが、膠着(こうちゃく)状態から妥協としての終戦という曖昧なかたちで終結することもあるし、戦争から平和へと円滑に移行するとは限らない。著者は戦争を防止する可能性については悲観的な立場をとるが、一方で戦争を制限しようとする試みが一定の成果を生んできたことは認めている。理想を追求して戦争を根絶しようとするよりも、より現実的に、戦争の惨禍を減少させることを目指すべきだ、というのが著者の主張である。

第3章では、個人や状況によって戦争の経験がきわめて多様であるという留保をつけつつも、恐怖と退屈、陽気、機会という大きく四つの項目から戦争の経験を考察する。戦争の恐怖に紙幅が割かれ、その他の項目については簡単に言及するだけであるが、戦争の経験＝恐怖とする単純な理解では戦争経験の全体像を捉えられない、ということであろう。暴力の程度を左右する変数を考察するウィルソンとワインスタインの研究を紹介するのも、この文脈においてである。

第4章では、戦争の遺産に加えて、「テロとの戦い」の評価に紙幅が割かれている。戦争は破壊をもたらすだけでなく、時に深遠な政治的変化（国民国家の創出、脱植民地化など）を引き起こしてきた。戦時と平時の軍隊規模の変化と女性の労働参加は、社会に大きな影響を及ぼすことになる。戦争の惨禍により経済的に荒廃する国がある一方で、戦争を通じて経済発展を遂げる国もある。本章は、戦争の記憶についても論じている。悲惨な戦争に意義を見出し、国のために命を捧げた人々を神格化しようとするのか、または戦争の無益さを強調しようとするのかを問わず、戦後に獲得ないし創出される記憶は、単純化や道徳的正当化という問題を孕んでいる。

以上の分析を踏まえて、著者は第一次世界大戦と「テロとの戦い」を例として、近代戦争の成果の評価を試みている。著者は「テロとの戦い」について批判的であり、英米両国のテロ対策の失敗を指摘すると同時にテロ対策のあるべき姿を示すために、対テロ戦争を成功に導く七原則を提示する。

本書の特徴は、著者の他の著作と同様に、長期的かつ現実的、学際的な視点から近代戦争を論じていることであろう。また、著者は戦争の防止をめぐる理想主義に対しては懐疑的であり、戦争の遺産や成果には正と負の両側面があることを認めている。さらに、著者は伝統的な国家間戦争にあるテロリズム的側面を指摘し、テロリズムを異質なものとして戦争から切り離して考えようとする傾向を批判する。近年の対テロ戦争も、近代戦争という長期的な枠組みの中で考察してこそ、より実効的な処方箋を見出すことが可能となるのである。

こうした著者の戦争観の根幹には——ある意味で当然であるが——本書でもたびたび参照されるクラウゼヴィッツ『戦争論』がある。クラウゼヴィッツは一九九〇年代に激しい批判（クレフェルト『戦争の変遷』やジョン・キーガン『戦略の歴史』、カルドア〔カルドー〕『新戦争論』など）に晒されたが、二〇〇〇年代以降はその再評価が進んでいる。[*3] こうした再評価を踏まえて、著者は「四世代の戦争」パラダイムや「新しい戦争」論を批判し、技術の影響を絶対視しない。また、クラウゼヴィッツ研究および戦争学の泰斗であるマイケル・ハワードにならって、戦争を社会＝政治的ダイナミクスの中に位置づける。こうした視点は、過去の戦争を理解するうえで重要であるだけでなく、将来の戦争を考えるうえでも有益であろう。

ＩＳＩＬの勃興とシリア内戦

原書は二〇一三年七月に刊行されているため、当然ながら英米のシリア内戦介入やＩＳＩＬ（イラク・レバントのイスラム国）の登場については触れていない。[*4] 原書刊行直後、アフガニスタン紛争およびイラク戦争の記憶がまだ鮮明に残るなかで、著者（および訳者）の住むイギリス社会は、再び「近代戦争」への参戦の是非を問われることになった。

本書でも触れられているように、誤情報ないし誇張によりイラク攻撃への参加を正当化したトニー・ブレア首相への批判、そしてイラクおよびアフガニスタンでの泥沼の戦争は、イギリス大衆の反戦・避戦意識を高めた。政府がしばしば参戦の根拠とする、人道的介入への信頼が大きく揺らいだのである。実際、二〇一三年夏、英米両国はアサド政権による反体制派に対する化学兵器使用を口実にシリア内戦への介入を模索したが、世論の強い反発を受けて断念せざるを得なかった。イギリス議会では、アサド政権に対する軍事行動をめぐる決議が二七二票対二八五票の僅差で否決された。

しかし、ISILの台頭とともにイギリス世論の風向きも変化する。イギリス人の死傷者を出したテロやISILによる殺害、自国出身者のISIL参加が大きく報道されたことに加えて、シリア内外での紛争で住む場所を追われた人々が欧州諸国をめざし、第二次世界大戦以降で最も深刻な難民危機が表面化したことも影響したと思われる。二〇一四年八月から米国を中心とする有志連合がISILに対してイラクおよびシリアで空爆を開始し、イギリスもイラク政府からの要請に基づいて、この空爆にイラクに対象を限定して参加した。さらに二〇一五年一二月には、シリアにも空爆の範囲を広げる決議を行った。一〇時間以上を費やした集中審議では多くの国会議員が発言を求め、各自が攻撃参加への賛否とその論拠を述べるさまは印象的であった。そのなかでも、影の外務大臣として、野党労働党の介入支持派を代表してヒラリー・ベンの熱弁は特筆に値する。結局、この決議は三九七票対二二三票の大差で可決し、その直後に空爆が開始された。

しかし、シリア政府軍、反政府軍、ISILという三つ巴の戦いは、結局は――事前に指摘されていたことではあるが――周辺諸国を巻き込む米露の代理戦争の様相を呈するようになった。シリアにおけるISIL勢力の壊滅にこそ成功したものの、現在ではロシアが後ろ盾となるアサド政権がユーフラテス川西岸の大半を支配下に収めている。さらに米国がISIL勢力駆逐の完了を宣言してシリアから撤退すると、二〇一九年一〇月にトルコがクルド系反体制派との間に緩衝地帯を設ける目的でシリア北部に侵攻するなど、シリア情勢はいっそうの混迷を見せている。

中東での紛争（や軍事介入）は、欧州諸国にも社会的、政治的に深刻な影響を及ぼした。前述のように、シリアを含む各地の紛争や政情不安は大量の難民を生み出し、住む場所を追われた人々が豊かな欧州諸国を目指している。また、イギリスに限っても、二〇一七年にはイスラム過激派の思想に染まった国内出身者によるテロが立て続けに起きた（三月のウェストミンスター橋、五月のマンチェスター・アリーナ、六月のロンドン橋（ブリッジ）&バラ・マーケット）。ＩＳＩＬの壊滅とともに、同組織に加わった欧州国籍保有者やその子供たちを受け入れるのかどうかという困難な問題も表面化する。イギリスでは、テロ罪で服役し、釈放された者によるテロ事件が二〇一九年一一月と翌年二月に連続して起き、テロリストへの対応の難しさが改めて浮き彫りになった。

英米のシリア内戦介入の是非、戦略目的の当否、タイミングの是非、さらに戦争の成果の是非は、今後さまざまな角度から検討されることになるだろう。イギリス社会に住む人々の経験は、「近代戦争」が日常から隔絶した、海の向こうの出来事ではないことを示している。近年では「ハイブリッド戦争」や「第五世代の戦争」、「グレーゾーン」などの概念が登場しており、その歴史的な新奇性には異論があり得るとしても、戦争と平和の境界が曖昧になる傾向が強まっていることは否定できないように思われる。今後の戦争がどのような様相を示すのかは予断を許さないが、われわれは目先の変化にとらわれることなく、普段から戦争の本質について真剣に考えておく必要があるのではないだろうか。

簡単な邦語文献案内

戦争の諸側面を論じる著作は膨大に存在する。以下では、最近刊行されたものを中心に、ごく一部を簡単に紹介したい。有益なガイドブックとして、野上元・福間良明編著『戦争社会学ブックガイド――現代世界を読み解く一三二冊』（創元社、二〇一二年）および石津朋之編著『名著で学ぶ戦争論』（日経ビジネス人文庫、二〇〇九年）があるので、合わせてご参照いただきたい。また英語の書籍ではあるが、Lawrence Freedman (ed.), *War* (Oxford: OUP, 1994) は、戦争をめぐる重要な著作からの抜粋をまとめたアンソロジーであり、戦争に関する多様な論考に触れるのに適している。

まず『近代戦争論』よりも長期的な視座から、やはり学際的に戦争を分析する著作として、アザー・ガット著／石津朋之・永末聡・山本文史監訳／歴史と戦争研究会訳『文明と戦争』（中央公論新社、二〇一二年）を紹介したい。本書は、古代から現代にいたる戦争の変遷をグローバルかつ多角的に検証する大著である。また、ジョン・キーガン著／高橋均訳『戦場の素顔――アジャンクール、ワーテルロー、ソンム川の戦い』（中央公論新社、二〇一八年）は、戦場における兵士の経験に初めて焦点をあてた重要な著作である。原書は一九七六年に刊行され、その後の軍事史研究や叙述に大きな影響を及ぼした。

戦争に関する哲学的考察としては、まず西谷修『戦争論』（講談社学術文庫、一九九八年）、同『夜の鼓動に触れる――戦争論講義』（ちくま学芸文庫、二〇一五年）を勧めたい。『戦争論』（初版一九九二年）は第一次・第二次世界大戦という世界戦争および湾岸戦争を題材とし、主に雑誌『現代思想』で発表された論考が収録されている。『夜の鼓動に触れる』（初版一九九五年）は東京大学教養学部一～二年生向け「現代思想」科目の講義録であり、文庫版には「二〇年後の補講」として「テロとの戦い」に関する考察が追加されている。また、同著者の『戦争とは何だろうか』（ちくまプリマー新書、二〇一六年）は一七世紀の三〇年戦争以来の戦争の歴史を辿りながら、平易な言葉で戦争を考察しており、前二著への導入となるであろう。

人類学・社会学的な視点からの考察としては、ロジェ・カイヨワ著／秋枝茂夫訳『戦争論――われわれの内にひそむ女神ベローナ〈新装版〉』（法政大学出版局、二〇一三年）を挙げたい。西谷修『NHK 100分de名著 二〇一九年八月号 ロジェ・カイヨワ「戦争論」』（NHK出版、二〇一九年）は、著者や本書執筆の背景も含め本書の内容を簡潔に紹介する。専門的になるが、なお、日本では近年「戦争社会学」という研究分野を確立しようとする動きがある。たとえば福間良明・野上元・蘭信三・石原俊編『戦争社会学の構想――制度・体験・メディア』（勉誠出版、二〇一三年）などを参照していただきたい。

国際政治学の新書には良質なものが多い。藤原帰一『戦争の条件』（集英社新書、二〇一三年）は、固有名詞に頼らず、単純な答えのない問いを立てることで、戦争の客観的な考察を試みている。国際政治学の枠組みを知るための入門書として優れており、巻末のブックガイドも有益である。多湖淳『戦争とは何か――国際政治学の挑戦』（中公新書、二〇二〇年）は、計量分析を用いた科学的な実証研究を提唱する刺激的な著作である。対照的に、戦争の現場に根ざした和平調停者としての立場から書かれているのが東大作『内戦と和平――現代戦争をどう終わらせるか』（中公新書、二〇二〇年）であり、紛争をどう終わらせるかを論じている。松元雅和『平和主義とは何か――政治哲学で考える戦争と平和』（中公新書、二〇一三年）は、平和主義の類型を明らかにするとともに、正戦論と現実主義、人道的介入主義という三つの立場との対話から平和主義の可能性を探る好著である。

やや専門的になるが、戦争を抑制する諸要素を多角的に分析するのが、加藤朗・吉崎知典・長尾雄一郎・道下徳成『戦争――その展開と抑制』（勁草書房、一九九七年）である。本訳書『近代戦争論』の第二章「原因」とは裏表の関係にあり、あわせて読むと戦争の起源の理解が深まるであろう。『戦争』巻末には重要な欧語文献にコメントを付した文献紹介もある。続編にあたる道下徳成・石津朋之・長尾雄一郎・加藤朗『現代戦略論――戦争は政治の手段か』（勁草書房、二〇〇〇年）は、戦争と政治の関係に焦点を当てた論考をまとめている。また「シリーズ戦争学入門」の監修者、石津朋之による『戦争学原論』（筑摩選書、二〇一三年）は、戦争をめぐる重要な議論を幅広く紹介しながら著者の持論を展開する。本書は「戦争学」の確立を提言する書であり、本シリーズのタイトルにある「戦争学」とは何かを知りたい向きには一読を勧めたい。

本書の中に登場する「新しい戦争」論については、何よりも参考文献一覧にあるカルドア『新戦争論』を参照すべきであろう。長期的な視点をとるイングリッシュはカルドアらの区分に批判的であるが、それでもなお、冷戦末期以降の戦争はそれ以前の戦争とはさまざまな点で異なるという理解は、かなり広く浸透している。「新しい戦争」論およびウィリアム・S・リンドが提唱した「第四世代の戦争」という概念については、エリノア・スローン著／奥山真司・平山茂敏訳『現代の軍事戦略入門〈増補新版〉――陸海空からPKO、サイバー、核、宇宙まで』（芙蓉書房出版、二〇一九年）第五章で、その批判も含めて解説されている。

最後に、正戦論については、参考文献一覧にあるウォルツァー『正しい戦争と不正な戦争』よりも、それ以後の論文をまとめたマイケル・ウォルツァー著／駒村圭吾・鈴木正彦・松元雅和訳『戦争を論ずる――正戦のモラル・リアリティ』（風行社、二〇〇八年）のほうが理解しやすいかもしれない。この問題に正面から取り組む、眞嶋俊造『正しい戦争はあるのか？――戦争倫理学入門』（大隅書店、二〇一六年）および広島大学大学院総合科学研究科編、眞嶋俊造著『平和のために戦争を考える――「剝き出しの非対称性」から』（丸善出版、二〇一九年）は優れた入門書である。

謝辞

お茶の水女子大学大学院博士後期課程院生の小風綾乃氏には、原稿の素読みをしていただいた。創元社の堂本誠二氏には、原稿の細部にわたって手を入れていただいただけでなく、コロナ禍の影響を受けたスケジュール調整の労をとっていただいた。この場を借りて各氏に御礼申し上げたい。

二〇二〇年九月

矢吹　啓

[注]

＊1 Richard English, 'The Future Study of Terrorism', *European Journal of International Security*, 1:2 (2016): 135–149; Richard English, 'Change and Continuity Across the 9/11 Fault Line: Rethinking Twenty-First-Century Responses to Terrorism', *Critical Studies on Terrorism*, 12:1 (2019): 78–88.

＊2 Richard English, *Does Terrorism Work? A History* (Oxford: OUP, 2016), pp. 17–30.

＊3 たとえば、Hew Strachan, 'The case for Clausewitz: Reading *On War today*', in *The Direction of War: Contemporary Strategy in Historical Perspective* (Cambridge: Cambridge University Press, 2013), pp. 46–63を参照。

＊4 ＩＳＩＬに関する著者の見解は、*Does Terrorism Work?* や書評論文'The ISIS Crisis: Reviews', *Journal of Terrorism Research*, 8:1 (Feb 2017): 90–94に示されている。

(65) *Guardian*, 4 February 2009.
(66) *Daily Telegraph*, 4 April 2009; *Observer*, 22 February 2009; *New York Times*, 24 March 2009.
(67) *Observer*, 22 February 2009.
(68) ピーター・ベルゲンの非常に重要な著作に引用されている。Bergen, *The Longest War*, p. 120.
(69) Javier Argomaniz, *The EU and Counter-Terrorism: Politics, Polity and Policies after 9/11* (London: Routledge, 2011).
(70) Mueller and Stewart, *Terror, Security, and Money*, pp. 9, 172, 170.
(71) ベルゲンが引用している。Bergen, *The Longest War*, p. 57.
(72) *Guardian*, 15 January 2009.
(73) スチュアート・クロフトの思索的な著作が引用している。Stuart Croft, *Culture, Crisis, and America's War on Terror* (Cambridge: Cambridge University Press, 2006), p. 140.
(74) やはりクロフトが引用している。Croft, *Culture, Crisis, and America's War on Terror*, pp. 38–39.

〈結論――戦争とテロリズム、将来の研究〉

(1) グレアム・グリーン著／小津次郎訳『第三の男』(早川書房、2001年)、14、15、54、110頁。
(2) Wilson, *Frontiers of Violence*; Weinstein, *Inside Rebellion*.
(3) Michael Fellman, *In the Name of God and Country: Reconsidering Terrorism in American History* (New Haven: Yale University Press, 2010).
(4) Kershaw, *The End*.
(5) Ball, *The Bitter Sea*.
(6) Burleigh, *Moral Combat*.
(7) Strachan and Scheipers (eds.), *The Changing Character of War*.
(8) Maja Zehfuss, 'Killing Civilians: Thinking the Practice of War', *British Journal of Politics and International Relations*, 14/3 (2012): 423–40.

(41) UK Government, '*Prevent* Strategy', Cm 8092 (June 2011), pp. 23, 25.
(42) '*Prevent* Strategy', p. 72.
(43) トニー・ブレア著／石塚雅彦訳『ブレア回顧録』（日本経済新聞出版社、2011年）、下巻、第12章、30頁。
(44) *Times*, 24 November 2011.
(45) Seth G. Jones, *Counterinsurgency in Afghanistan* (Santa Monica: RAND, 2008), p. 48.
(46) *Daily Telegraph*, 6 October 2008.
(47) ジョーンズが引用している。*Jones, Counterinsurgency in Afghanistan*, p. 101.
(48) ブレア『ブレア回顧録』下巻、第12章、31頁。
(49) *Guardian*, 3 May 2011.
(50) *Times*, 24 November 2011.
(51) Wesley R. Gray, *Embedded: A Marine Corps Adviser Inside the Iraqi Army* (Annapolis: Naval Institute Press, 2009), p. 51.
(52) Jackson, et al., *Terrorism*, pp. 146, 252.
(53) Paul Wilkinson, *Terrorism Versus Democracy: The Liberal State Response* (London: Routledge, 2006; 1st edn 2001), p. 47.
(54) Martha Crenshaw, *Explaining Terrorism: Causes, Processes and Consequences* (London: Routledge, 2011), p. 180.
(55) Louise Richardson, *What Terrorists Want: Understanding the Terrorist Threat* (London: John Murray, 2006), p. 217.
(56) Michael Scheuer, *Osama bin Laden* (Oxford: OUP, 2011), p. 187.
(57) David Omand, *Securing the State* (London: Hurst, 2010), p. 86.
(58) *Daily Telegraph*, 21 July 2010.
(59) Peter L. Bergen, *The Longest War: The Enduring Conflict Between America and al-Qaida* (New York: Free Press, 2011), p. 167.
(60) ブレア『ブレア回顧録』下巻、第12章、12頁。
(61) ミュラーとスチュアートが引用している。Mueller and Stewart, *Terror, Security, and Money*, p. 78.
(62) Omand, *Securing the State*, p. 12.
(63) Laura K. Donohue, *The Cost of Counterterrorism: Power, Politics, and Liberty* (Cambridge: Cambridge University Press, 2008), pp. 336–337.
(64) Bergen, *The Longest War*.

(24) Sue Mendus, *Politics and Morality* (Cambridge: Polity Press, 2009).

(25) Jean Bethke Elshtain (ed.), *Just War Theory* (New York: New York University Press, 1992), p. 324.

(26) Adam Roberts and Timothy Garton Ash (eds.), *Civil Resistance and Power Politics: The Experience of Non-Violent Action from Gandhi to the Present* (Oxford: OUP, 2009).

(27) Erica Chenoweth and Maria J. Stephan, *Why Civil Resistance Works: The Strategic Logic of Nonviolent Conflict* (New York: Columbia University Press, 2011).

(28) Robson, *The First World War*, p. 103.

(29) Adrian Gregory, *The Last Great War: British Society and the First World War* (Cambridge: Cambridge University Press, 2008), p. 1.

(30) *Guardian*, 3 May 2011.

(31) Eli Berman, *Radical, Religious and Violent: The New Economics of Terrorism* (Cambridge, MA: MIT Press, 2009).

(32) Ekaterina Stepanova, *Terrorism in Asymmetrical Conflict: Ideological and Structural Aspects* (Oxford: OUP, 2008).

(33) Joseba Zulaika, *Terrorism: The Self-fulfilling Prophecy* (Chicago: University of Chicago Press, 2009), pp. 1, 13.

(34) 著者によるインタビュー、ベルファスト、2011年4月15日。

(35) Robert E. Goodin, *What's Wrong with Terrorism?* (Cambridge: Polity Press, 2006), p. 186.

(36) アリア・ブラヒミのすぐれた研究が引用している。Alia Brahimi, *Jihad and Just War in the War on Terror* (Oxford: OUP, 2010), p. 198.

(37) ジェイソン・バークが引用している。Jason Burke, *The 9/11 Wars* (London: Penguin, 2011), p. 47.

(38) スティーヴ・ヒューイットが引用している。Steve Hewitt, *The British War on Terror: Terrorism and Counter-Terrorism on the Home Front Since 9/11* (London: Continuum, 2008), p. 99.

(39) Richard Jackson, Lee Jarvis, Jeroen Gunning, and Marie Breen-Smyth, *Terrorism: A Critical Introduction* (Basingstoke: Palgrave Macmillan, 2011), p. 250.

(40) John Mueller and Mark G. Stewart, *Terror, Security, and Money: Balancing the Risks, Benefits, and Costs of Homeland Security* (Oxford: OUP, 2011), p. 3.

(1) Eric Hobsbawm, *Globalization, Democracy, and Terrorism* (London: Little, Brown, 2007).
(2) クラウゼヴィッツ『戦争論』上巻、345頁。
(3) Ferguson, *The Pity of War*, p. 299.
(4) Michael Longley, *Collected Poems* (London: Jonathan Cape, 2006), p. 256.
(5) Kalyvas, *The Logic of Violence in Civil War*, p. 5.
(6) Michael Burleigh, *The Third Reich: A New History* (London: Macmillan, 2000), p. 802.
(7) Ball, *The Bitter Sea*, pp. 321–323.
(8) Tim Judah, *Kosovo: What Everyone Needs to Know* (Oxford: OUP, 2008), p. ix.
(9) Wolfe, *Political Evil*, p. 233.
(10) Hobsbawm, *Globalization, Democracy, and Terrorism*, p. 79.
(11) Correlli Barnett, *The Audit of War: The Illusion and Reality of Britain as a Great Nation* (London: Papermac, 1987; 1st edn 1986).
(12) Julian Thompson, *Imperial War Museum Book of Modern Warfare: British and Commonwealth Forces at War, 1945–2000* (London: Pan, 2002).
(13) Townsend (ed.), *The Oxford History of Modern War*, p. 281.
(14) Massimo Guidolin and Eliana La Ferrara, 'The Economic Effects of Violent Conflict: Evidence from Asset Market Reactions', *Journal of Peace Research*, 47/6 (2010): 671–84.
(15) エリック・ホブズボーム著／大井由紀訳『二〇世紀の歴史――両極端の時代』(筑摩書房、2018年)、上巻、85頁。
(16) ホブズボーム『二〇世紀の歴史』上巻、38頁。
(17) Michael Burleigh, *Moral Combat: A History of World War II* (London: HarperPress, 2011; 1st edn 2010), p. 2.
(18) Mark Connelly, 'The Ypres League and the Commemoration of the Ypres Salient, 1914–1940', *War in History*, 16/1 (2009), p. 75.
(19) Sebastian Barry, *A Long Long Way* (London: Faber and Faber, 2005), pp. 55, 178.
(20) Paul Fussell, *The Great War and Modern Memory* (Oxford: OUP, 2000; 1975).
(21) Hastings, *All Hell Let Loose*, pp. xvi–xvii.
(22) Ferguson, *The Pity of War*.
(23) Paul Preston, *The Spanish Holocaust: Inquisition and Extermination in Twentieth-Century Spain* (London: HarperPress, 2012).

(13) Michael Howard, *The First World War: A Very Short Introduction* (Oxford, OUP, 2007; 1st edn 2002), p. 122.〔マイケル・ハワード著／馬場優訳『第一次世界大戦』(法政大学出版局、2014年)。〕
(14) Ferguson, *The Pity of War*, p. 295.
(15) Max Hastings, *All Hell Let Loose: The World at War 1939–1945* (London: HarperPress, 2011), p. xv.
(16) Charles Townshend (ed.), *The Oxford History of Modern War* (Oxford: OUP, 2000; 1st edn 1997), p. 238.
(17) Michael Howard, *Captain Professor: A Life in War and Peace* (London: Continuum, 2006), p. 70.
(18) T. K. Wilson, *Frontiers of Violence: Conflict and Identity in Ulster and Upper Silesia, 1918–1922* (Oxford: OUP, 2010), pp. 69–70.
(19) Wilson, *Frontiers of Violence,* pp. 207, 158, 221
(20) Weinstein, *Inside Rebellion.*
(21) Weinstein, *Inside Rebellion*, p. 40.
(22) Charles Rodger Walker to his Mother, 21 September 1918, University of St Andrews Library, Department of Special Collections, Ms 38096/15.
(23) Buchan, *Memory Hold-the-Door*, p. 167.
(24) Sebastian Junger, *War* (London: Fourth Estate, 2010), p. 222.
(25) Howard, *Captain Professor*, p. 37.
(26) クラウゼヴィッツ『戦争論』上巻、313頁。
(27) エリック・ホブズボーム著／河合秀和訳『わが二〇世紀・面白い時代』(三省堂、2004年)、156頁。
(28) ジョージ・オーウェル著／都築忠七訳『カタロニア讃歌』(岩波書店、1992年)、17、31、66頁を参考に、原文に合わせて修正。
(29) オーウェル『カタロニア讃歌』、80頁。
(30) オーウェル『カタロニア讃歌』、124頁。
(31) Hastings, *All Hell Let Loose*, p. 84.
(32) Brian Bond (ed.), *The First World War and British Military History* (Oxford: OUP, 1991), p. 45.
(33) アーネスト・ヘミングウェイ著／高見浩訳『武器よさらば』(新潮社、2006年)、84頁。

〈第4章　遺　　産〉

（青土社、2015年）、上巻、11頁。
(32) ピンカー『暴力の人類史』下巻、551頁。
(33) ピンカー『暴力の人類史』下巻、552〜571頁。
(34) ピンカー『暴力の人類史』上巻、449頁。
(35) William Walker, *A Perpetual Menace: Nuclear Weapons and International Order* (London: Routledge, 2012).
(36) アマルティア・セン著／池本幸生訳『正義のアイデア』（明石書店、2011年）、37〜53頁。
(37) *Times*, 5 July 2012.
(38) ハンナ・アーレント著／大久保和郎・大島通義・大島かおり訳『全体主義の起源』（みすず書房、2017年）、第一巻、ix頁。
(39) Wolfe, *Political Evil*, p. 6.
(40) Wolfe, *Political Evil*, p. 40.

〈第３章　経　　験〉
(1) ジョーゼフ・ヘラー著／飛田茂雄訳『キャッチ＝22』（早川書房、2016年）、上巻、30頁。
(2) ヘラー『キャッチ＝22』下巻、39頁。
(3) ヘラー『キャッチ＝22』上巻、392頁。
(4) ヘラー『キャッチ＝22』下巻、243頁。
(5) Kate McLoughlin, *Authoring War: The Literary Representation of War from the* Iliad *to Iraq* (Cambridge: Cambridge University Press, 2011), pp. 8–9.
(6) Peter Beaumont, *The Secret Life of War: Journeys Through Modern Conflict* (London: Harvill Secker, 2009), p. 201.
(7) 草光俊雄『明け方のホルン――西部戦線と英国詩人』（みすず書房、2006年）、82〜85頁を参考に、原文に合わせて一部修正。
(8) Wells, *Mr Britling Sees It Through*, pp. 292, 297.
(9) Stuart Robson, *The First World War* (Abingdon: Routledge, 2007; 1st edn 1998), p. 39.
(10) Niall Ferguson, *The Pity of War 1914–1918* (London: Penguin, 1998), p. xix.
(11) John Buchan, *Memory Hold-the-Door* (London: Hodder and Stoughton, 1940), pp. 166–167.
(12) David Garnett (ed.), *Selected Letters of T. E. Lawrence* (London: Reprint Society, 1941; 1st edn 1938), p. 106.

vol. iii) (Oxford: OUP, 1999).

(15) Simon Ball, *The Bitter Sea: The Struggle for Mastery in the Mediterranean, 1935–1949* (London: Harper Press, 2010; 1st edn 2009), p. 14.

(16) Stathis N. Kalyvas, *The Logic of Violence in Civil War* (Cambridge: Cambridge University Press, 2006).

(17) Jeremy M. Weinstein, *Inside Rebellion: The Politics of Insurgent Violence* (Cambridge: Cambridge University Press, 2007).

(18) Wolfe, *Political Evil,* pp. 4, 21.

(19) Wolfe, *Political Evil,* pp. 295–299.

(20) トルストイ著／藤沼貴訳『戦争と平和』（岩波書店、2006年）、第一巻、49頁。

(21) Adrian Gregory, *The Last Great War: British Society and the First World War* (Cambridge: Cambridge University Press, 2008), p. 31.

(22) Paul Preston, *The Spanish Holocaust: Inquisition and Extermination in Twentieth-Century Spain* (London: HarperPress, 2012).

(23) Philip Roth, *Nemesis* (London: Jonathan Cape, 2010), pp. 172–173.

(24) Tal Tovy, 'Peasants and Revolutionary Movements: The Viet Cong as a Case Study', *War in History*, 17/2 (2010): 217–30.

(25) Geoffrey Blainey, *The Causes of War* (New York: Free Press, 1988; 1st edn, 1973), p. 295.

(26) Peter Shirlow, Jonathan Tonge, James McAuley, and Catherine McGlynn, *Abandoning Historical Conflict? Former Political Prisoners and Reconciliation in Northern Ireland* (Manchester: Manchester University Press, 2010).

(27) Frances Partridge, *A Pacifist's War* (London: Robin Clark, 1983; 1st edn 1978), p. 211.

(28) Bernard L. Montgomery, *The Memoirs of Field-Marshal The Viscount Montgomery of Alamein* (London: Companion Book Club, 1958), p. 319.〔引用箇所は邦訳書では省略されている。バーナード・ロー・モントゴメリー著／高橋光夫・船坂弘訳『モントゴメリー回想録』（読売新聞社、1971年）。〕

(29) Ian Kershaw, *The End: Hitler's Germany, 1944–45* (London: Penguin, 2011).

(30) ポール・ハースト著／佐々木寛訳『戦争と権力——国家、軍事紛争と国際システム』（岩波書店、2009年）、53頁。

(31) スティーブン・ピンカー著／幾島幸子・塩原通緒訳『暴力の人類史』

バル時代の組織的暴力』(岩波書店、2003年)、15頁。

(10) Siniša Malešević, *The Sociology of War and Violence* (Cambridge: Cambridge University Press, 2010); Hew Strachan and Sibylle Scheipers (eds.), *The Changing Character of War* (Oxford: OUP, 2011).

(11) クラウゼヴィッツ『戦争論』上巻、63、66頁および下巻、522頁。

(12) クラウゼヴィッツ『戦争論』上巻、39頁。

(13) クラウゼヴィッツ『戦争論』上巻、147、246頁。

〈第2章　原　　因〉

(1) マーク・カーランスキー著/小林朋則訳『非暴力――武器を持たない闘士たち』(ランダムハウス講談社、2007年)、65、288頁。

(2) David D. Laitin, *Nations, States, and Violence* (Oxford: OUP, 2007).

(3) ダニエル・カーネマン著/村井章子訳『ファスト&スロー――あなたの意思はどのように決まるか?』(早川書房、2014年)、上巻、第12章。

(4) Stathis N. Kalyvas, *The Logic of Violence in Civil War* (Cambridge: Cambridge University Press, 2006).

(5) Barbara F. Walter, *Reputation and Civil War: Why Separatist Conflicts Are So Violent* (Cambridge: Cambridge University Press, 2009).

(6) Richard English and Charles Townshend (eds.), *The State: Historical and Political Dimensions* (London: Routledge, 1999), p. 6.

(7) Malešević, *The Sociology of War and Violence*.

(8) Laitin, *Nations, States, and Violence*, p. 21.

(9) Jeff Goodwin, *No Other Way Out: States and Revolutionary Movements, 1945–1991* (Cambridge: Cambridge University Press, 2001).

(10) David A. Lake, *Hierarchy in International Relations* (Ithaca: Cornell University Press, 2009).

(11) リチャード・ドーキンス著/垂水雄二訳『神は妄想である――宗教との決別』(早川書房、2007年)、10頁。

(12) Frank Aiken to all Volunteers on Hunger Strike, 5 November 1923, Ernie O'Malley Papers, Archives Department, University College Dublin, P17a/43.

(13) Alan Wolfe, *Political Evil: What It Is and How To Combat It* (New York: Alfred A. Knopf, 2011), p. 40.

(14) Avner Offer, 'Costs and Benefits, Prosperity, and Security, 1870–1914' in A. Porter (ed.), *The Nineteenth Century* (*The Oxford History of the British Empire:*

訳注

原書には注がないが、読者の便を考えて参照文献を示す注を加え、直接引用箇所については可能なかぎり頁まで特定した。

〈イントロダクション〉

(1) Michael Howard, *Captain Professor: A Life in War and Peace* (London: Continuum, 2006), p. 145.

(2) Vivienne Jabri, *War and the Transformation of Global Politics* (Basingstoke: Palgrave Macmillan, 2007).

(3) カール・フォン・クラウゼヴィッツ著／清水多吉訳『戦争論』(中央公論新社、2001年)、上巻、235頁。英訳に合わせて一部修正、以下同。

〈第1章　定　　義〉

(1) H. G. Wells, *Mr Britling Sees It Through* (London: Odhams Press, n.d. [1916]), p. 431.

(2) *Shorter Oxford English Dictionary.*

(3) *Chambers's Twentieth Century Dictionary.*

(4) Michael Howard, *Clausewitz: A Very Short Introduction* (Oxford: OUP, 2002; 1st edn 1983), p. 1.

(5) クラウゼヴィッツ『戦争論』上巻、35頁。

(6) ハリー・サイドボトム著／吉村忠典・澤田典子訳『ギリシャ・ローマの戦争』(岩波書店、2006年)、iii頁。

(7) Martin van Creveld, 'Technology and War I: to 1945' and 'Technology and War II: Postmodern War?' in Charles Townshend (ed.), *The Oxford Illustrated History of Modern War* (Oxford: OUP, 1997), p. 201.

(8) ポール・ハースト著／佐々木寛訳『戦争と権力——国家、軍事紛争と国際システム』(岩波書店、2009年)、31頁。

(9) メアリー・カルドー著／山本武彦・渡部正樹訳『新戦争論——グロー

J. Thompson (ed.), *The Imperial War Museum Book of Modern Warfare: British and Commonwealth Forces at War 1945–2000* (London: Pan, 2003; 1st edn 2002).
M. Walzer, *Just and Unjust Wars: A Moral Argument with Historical Illustrations* (New York: Basic Books, 2006; 1st edn 1977).〔マイケル・ウォルツァー著／荻原能久訳『正しい戦争と不正な戦争』風行社、2008年〕*
P. Wilkinson, *Terrorism Versus Democracy: The Liberal State Response* (London: Routledge, 2006; 1st edn 2001).
J. Zulaika, *Terrorism: The Self-fulfilling Prophecy* (Chicago: University of Chicago Press, 2009).

〈結論――戦争とテロリズム、将来の研究〉
M. Fellman, *In the Name of God and Country: Reconsidering Terrorism in American History* (New Haven: Yale University Press, 2010).
G. Greene, *The Third Man* (Harmondsworth: Penguin, 1971; 1st edn 1950).〔グレアム・グリーン著／小津次郎訳『第三の男』早川書房、2001年〕
M. Zehfuss, 'Killing Civilians: Thinking the Practice of War', *British Journal of Politics and International Relations*, 14/3 (2012): 423–40.

University Press, 2006).
L. K. Donohue, *The Cost of Counterterrorism: Power, Politics, and Liberty* (Cambridge: Cambridge University Press, 2008).
J. B. Elshtain (ed.), *Just War Theory* (New York: New York University Press, 1992).
P. Fussell, *The Great War and Modern Memory* (Oxford: OUP, 2000; 1975). *
R. E. Goodin, *What's Wrong with Terrorism?* (Cambridge: Polity, 2006).
W. R. Gray, *Embedded: A Marine Corps Adviser Inside the Iraqi Army* (Annapolis: Naval Institute Press, 2009).
M. Guidolin and E. La Ferrara, 'The Economic Effects of Violent Conflict: Evidence from Asset Market Reactions', *Journal of Peace Research*, 47/6 (2010): 671–84.
S. Hewitt, *The British War on Terror: Terrorism and Counter-Terrorism on the Home Front Since 9/11* (London: Continuum, 2008).
E. Hobsbawm, *Age of Extremes: The Short Twentieth Century 1914–1991* (London: Penguin, 1994).〔エリック・ホブズボーム著／大井由紀訳『二〇世紀の歴史――両極端の時代』上下、筑摩書房、2018年〕
——*Globalization, Democracy, and Terrorism* (London: Little, Brown, 2007).
R. Jackson, L. Jarvis, J. Gunning, and M. Breen Smyth, *Terrorism: A Critical Introduction* (Basingstoke: Palgrave Macmillan, 2011).
S. G. Jones, *Counterinsurgency in Afghanistan* (Santa Monica: RAND, 2008).
T. Judah, *Kosovo: What Everyone Needs to Know* (Oxford: OUP, 2008).
M. Longley, *Collected Poems* (London: Jonathan Cape, 2006).
S. Mendus, *Politics and Morality* (Cambridge: Polity Press, 2009).
J. Mueller and M. G. Stewart, *Terror, Security, and Money: Balancing the Risks, Benefits, and Costs of Homeland Security* (Oxford: OUP, 2011).
D. Omand, *Securing the State* (London: Hurst, 2010).
L. Richardson, *What Terrorists Want: Understanding the Terrorist Threat* (London: John Murray, 2006).
A. Roberts and T. Garton Ash (eds.), *Civil Resistance and Power Politics: The Experience of Non-Violent Action from Gandhi to the Present* (Oxford: OUP, 2009).
M. Scheuer, *Osama bin Laden* (Oxford: OUP, 2011).
E. Stepanova, *Terrorism in Asymmetrical Conflict: Ideological and Structural Aspects* (Oxford: OUP, 2008).

〔ジョージ・オーウェル著／都築忠七訳『カタロニア讃歌』岩波書店、1992年〕
S. Robson, *The First World War* (London: Longman, 1998).
J. Stallworthy (ed.), *The Oxford Book of War Poetry* (Oxford: OUP, 1988; 1st edn 1984).
C. Townshend (ed.), *The Oxford Illustrated History of Modern War* (Oxford: OUP, 1997).*
T. K. Wilson, *Frontiers of Violence: Conflict and Identity in Ulster and Upper Silesia, 1918–1922* (Oxford: OUP, 2010).

〈第4章　遺　　産〉

J. Argomaniz, *The EU and Counter-Terrorism: Politics, Polity and Policies after 9/11* (London: Routledge, 2011).
C. Barnett, *The Audit of War: The Illusion and Reality of Britain as a Great Nation* (London: Papermac, 1987; 1st edn 1986).
S. Barry, *A Long Long Way* (London: Faber and Faber, 2005).
P. L. Bergen, *The Longest War: The Enduring Conflict Between America and al-Qaida* (New York: Free Press, 2011).
E. Berman, *Radical, Religious and Violent: The New Economics of Terrorism* (Cambridge: MIT Press, 2009).
T. Blair, *A Journey* (London: Hutchinson, 2010). 〔トニー・ブレア著／石塚雅彦訳『ブレア回顧録』上下、日本経済新聞出版社、2011年〕
A. Brahimi, *Jihad and Just War in the War on Terror* (Oxford: OUP, 2010).
J. Burke, *The 9/11 Wars* (London: Penguin, 2011).
M. Burleigh, *The Third Reich: A New History* (London: Macmillan, 2000).
——*Moral Combat: A History of World War II* (London: HarperPress, 2011; 1st edn 2010).
E. Chenoweth and M. J. Stephan, *Why Civil Resistance Works: The Strategic Logic of Nonviolent Conflict* (New York: Columbia University Press, 2011).
M. Connelly, 'The Ypres League and the Commemoration of the Ypres Salient, 1914–1940', *War in History*, 16/1 (2009): 51–76.
M. Crenshaw, *Explaining Terrorism: Causes, Processes and Consequences* (London: Routledge, 2011).
S. Croft, Culture, *Crisis, and America's War on Terror* (Cambridge: Cambridge

Routledge, 2012).
B. F. Walter, *Reputation and Civil War: Why Separatist Conflicts Are So Violent* (Cambridge: Cambridge University Press, 2009).
J. M. Weinstein, *Inside Rebellion: The Politics of Insurgent Violence* (Cambridge: Cambridge University Press, 2007).
A. Wolfe, *Political Evil: What It Is and How To Combat It* (New York: Alfred A. Knopf, 2011).

〈第3章　経　　験〉

P. Beaumont, *The Secret Life of War: Journeys Through Modern Conflict* (London: Harvill Secker, 2009).
B. Bond (ed.), *The First World War and British Military History* (Oxford: OUP, 1991).
J. Buchan, *Memory Hold-the-Door* (London: Hodder and Stoughton, 1940).
N. Ferguson, *The Pity of War 1914–1918* (London: Penguin, 1998). *
D. Garnett (ed.), *Selected Letters of T. E. Lawrence* (London: Reprint Society, 1941; 1st edn 1938).
M. Hastings, *All Hell Let Loose: The World at War 1939–1945* (London: HarperPress, 2011).
J. Heller, *Catch-22* (London: Corgi, 1964; 1st edn 1961).〔ジョーゼフ・ヘラー著／飛田茂雄訳『キャッチ=22』早川書房、2016年〕
E. Hemingway, *A Farewell to Arms* (Harmondsworth: Penguin, 1935; 1st edn 1929).〔アーネスト・ヘミングウェイ著／高見浩訳『武器よさらば』新潮社、2006年〕
E. Hobsbawm, *Interesting Times: A Twentieth-Century Life* (London: Penguin, 2002).〔エリック・ホブズボーム著／河合秀和訳『わが二〇世紀・面白い時代』三省堂、2004年〕
M. Howard, *The First World War: A Very Short Introduction* (Oxford, OUP, 2007; 1st edn 2002).〔マイケル・ハワード著／馬場優訳『第一次世界大戦』法政大学出版局、2014年〕
S. Junger, *War* (London: Fourth Estate, 2010).
K. McLoughlin, *Authoring War: The Literary Representation of War from the Iliad to Iraq* (Cambridge: Cambridge University Press, 2011).
G. Orwell, *Homage to Catalonia* (Harmondsworth: Penguin, 1966; 1st edn 1938).

S. N. Kalyvas, *The Logic of Violence in Civil War* (Cambridge: Cambridge University Press, 2006).*

I. Kershaw, *The End: Hitler's Germany, 1944–45* (London: Penguin, 2011).

M. Kurlansky, *Non-Violence: The History of a Dangerous Idea* (London: Jonathan Cape, 2006).〔マーク・カーランスキー著／小林朋則訳『非暴力——武器を持たない闘士たち』武田ランダムハウスジャパン、2007年〕

D. D. Laitin, *Nations, States, and Violence* (Oxford: OUP, 2007).*

D. A. Lake, *Hierarchy in International Relations* (Ithaca: Cornell University Press, 2009).

B. L. Montgomery, *The Memoirs of Field-Marshal The Viscount Montgomery of Alamein* (London: Companion Book Club, 1958).〔バーナード・ロー・モントゴメリー著／高橋光夫・船坂弘訳『モントゴメリー回想録』読売新聞社、1971年〕

A. Offer, 'Costs and Benefits, Prosperity, and Security, 1870–1914' in A. Porter (ed.), *The Nineteenth Century* (The Oxford History of the British Empire: vol. iii) (Oxford: OUP, 1999).

F. Partridge, *A Pacifist's War* (London: Robin Clark, 1983; 1st edn 1978).

S. Pinker, *The Better Angels of Our Nature: The Decline of Violence in History and Its Causes* (London: Penguin, 2011).〔スティーブン・ピンカー著／幾島幸子・塩原通緒訳『暴力の人類史』上下、青土社、2015年〕*

P. Preston, *The Spanish Holocaust: Inquisition and Extermination in Twentieth-Century Spain* (London: HarperPress, 2012).

P. Roth, *Nemesis* (London: Jonathan Cape, 2010).

A. Sen, *The Idea of Justice* (London: Penguin, 2009).〔アマルティア・セン著／池本幸生訳『正義のアイデア』明石書店、2011年〕

P. Shirlow, J. Tonge, J. McAuley, and C. McGlynn, *Abandoning Historical Conflict? Former Political Prisoners and Reconciliation in Northern Ireland* (Manchester: Manchester University Press, 2010).

L. Tolstoy, *War and Peace* (Harmondsworth: Penguin, 1957, two volumes; 1st edn 1865/1869).〔トルストイ著／藤沼貴訳『戦争と平和』岩波書店、2006年〕

T. Tovy, 'Peasants and Revolutionary Movements: The Viet Cong as a Case Study', *War in History*, 17/2 (2010): 217–30.

W. Walker, *A Perpetual Menace: Nuclear Weapons and International Order* (London:

渡部正樹訳『新戦争論——グローバル時代の組織的暴力』岩波書店、2003年〕
S. Malešević, *The Sociology of War and Violence* (Cambridge: Cambridge University Press, 2010). *
H. Sidebottom, *Ancient Warfare: A Very Short Introduction* (Oxford: OUP, 2004).〔ハリー・サイドボトム『ギリシャ・ローマの戦争』岩波書店、2006年〕
H. Strachan and S. Scheipers (eds.), *The Changing Character of War* (Oxford: OUP, 2011). *
M. van Creveld, 'Technology and War I: to 1945' and 'Technology and War II: Postmodern War?' in C. Townshend (ed.), *The Oxford Illustrated History of Modern War* (Oxford: OUP, 1997).
H. G. Wells, *Mr Britling Sees It Through* (London: Odhams Press, n.d. [1916]).

〈第２章　原　　因〉

H. Arendt, *The Origins of Totalitarianism* (New York: Schocken Books, 2004; 1st edn 1951).〔ハンナ・アーレント著／大久保和郎・大島通義・大島かおり訳『全体主義の起源』全三巻、みすず書房、2017年〕
S. Ball, *The Bitter Sea* (London: Harper Press, 2010; 1st edn 2009).
G. Blainey, *The Causes of War* (New York: Free Press, 1988; 1st edn 1973).〔ジェフリー・ブレィニー著／中野泰雄・川畑寿・呉忠根訳『戦争と平和の条件——近代戦争原因の史的考察』新光閣書店、1975年〕
R. Dawkins, *The God Delusion* (London: Transworld, 2007; 1st edn 2006).〔リチャード・ドーキンス著／垂水雄二訳『神は妄想である——宗教との決別』早川書房、2007年〕
R. English and C. Townshend (eds.), *The State: Historical and Political Dimensions* (London: Routledge, 1999).
J. Goodwin, *No Other Way Out: States and Revolutionary Movements, 1945–1991* (Cambridge: Cambridge University Press, 2001).
A. Gregory, *The Last Great War: British Society and the First World War* (Cambridge: Cambridge University Press, 2008).
D. Kahneman, *Thinking, Fast and Slow* (London: Penguin, 2011).〔ダニエル・カーネマン『ファスト＆スロー——あなたの意思はどのように決まるか？』上下、早川書房、2014年〕

参考文献

本書において引用ないし直接言及されている著作については、その著作が最初に引用ないし言及されている章に記載している。＊が付いた著作は、近代戦争についてさらに読み進める際にとくに重要なもの。

〈イントロダクション〉

C. von Clausewitz, *On War* (Harmondsworth: Penguin, 1968; 1st edn 1832).〔カール・フォン・クラウゼヴィッツ著／清水多吉訳『戦争論』上下、中央公論新社、2001年〕*

R. English, *Armed Struggle: The History of the IRA* (London: Pan, 2012; 1st edn 2003).

——*Irish Freedom: The History of Nationalism in Ireland* (London: Pan, 2007; 1st edn 2006).

——*Terrorism: How to Respond* (Oxford: OUP, 2009).

M. Howard, *Captain Professor: A Life in War and Peace* (London: Continuum, 2006).

V. Jabri, *War and the Transformation of Global Politics* (Basingstoke: Palgrave Macmillan, 2007).

〈第１章　定　　義〉

J. Black, *War: An Illustrated History* (Stroud: Sutton, 2003).*

P. Hirst, *War and Power in the 21st Century* (Cambridge: Polity Press, 2001).〔ポール・ハースト著／佐々木寛訳『戦争と権力——国家、軍事紛争と国際システム』岩波書店、2009年〕

M. Howard, *Clausewitz: A Very Short Introduction* (Oxford: OUP, 2002; 1st edn 1983).

M. Kaldor, *New and Old Wars: Organized Violence in a Global Era* (Cambridge: Polity Press, 2001; 1st edn 1999).〔メアリー・カルドー著／山本武彦・

ま行

や行

ら・わ行

た行

さ行

索　引

あ行

か行

●著者

リチャード・イングリッシュ（Richard English）

クイーンズ大学ベルファスト政治学教授および同大学の副学長補。アイルランド史およびナショナリズム、政治的暴力、テロリズムを専門とする政治史家。イギリス学士院、アイルランド王立アカデミー、イギリス王立歴史協会、エディンバラ王立協会等のフェロー。英帝国三等勲爵士(CBE)。著書に *Armed Struggle, Irish Freedom, Does Terrorism Work?* などがある。受賞作多数。

●訳者

矢吹　啓（やぶき・ひらく）

東京大学大学院人文社会系研究科欧米文化研究専攻（西洋史学）博士課程単位取得満期退学。キングス・カレッジ・ロンドン社会科学公共政策学部戦争研究科博士課程留学。論文・訳書："Britain and the Resale of Argentine Cruisers to Japan before the Russo-Japanese War," *War in History*, Vol. 16, Iss. 4 (2009): 425-446.「ドイツの脅威――イギリス海軍から見た英独建艦競争、1898-1918」（三宅正樹・石津朋之ほか編『ドイツ史と戦争――「軍事史」と「戦争史」』彩流社、2011年所収）。J. S. コーベット『コーベット海洋戦略の諸原則』（原書房、2016年）、A. T. マハン『マハン海戦論』（原書房、2017年）、J. ブラック『海戦の世界史』（中央公論新社、2019年）、G. L. ワインバーグ『第二次世界大戦』（創元社、2020年）。

●シリーズ監修

石津朋之（いしづ・ともゆき）

防衛省防衛研究所戦史研究センター長。著書・訳書：『戦争学原論』（筑摩書房）、『大戦略の哲人たち』（日本経済新聞出版社）、『リデルハート――戦略家の生涯とリベラルな戦争観』（中央公論新社）、『クラウゼヴィッツと「戦争論」』（共編著、彩流社）、『戦略論』（監訳、勁草書房）など多数。

シリーズ戦争学入門

近代戦争論（きんだいせんそうろん）

2020年10月20日　第1版第1刷発行

著　者…………………………………………
リチャード・イングリッシュ
訳　者…………………………………………
矢吹　啓
発行者…………………………………………
矢部敬一
発行所…………………………………………
株式会社 創元社
〈ホームページ〉https://www.sogensha.co.jp/
〈本社〉〒541-0047 大阪市中央区淡路町4-3-6
Tel.06-6231-9010㈹
〈東京支店〉〒101-0051 東京都千代田区神田神保町1-2 田辺ビル
Tel.03-6811-0662㈹
印刷所…………………………………………
株式会社 太洋社

ISBN978-4-422-30078-8 C0331